Sonja Höhn

Führung und Psyche

**Früherkennung, Handlungsansätze, Selbstschutz:
Zentrale Erkenntnisse zum Umgang mit psychischen
Gefährdungen und Gefährdeten am Arbeitsplatz**

managerSeminare Verlags GmbH – Edition managerSeminare

Sonja Höhn
Führung und Psyche
Früherkennung, Handlungsansätze, Selbstschutz:
Zentrale Erkenntnisse zum Umgang mit psychischen Gefährdungen
und Gefährdeten am Arbeitsplatz

© 2016 managerSeminare Verlags GmbH
2. Aufl. 2017
Endenicher Str. 41, D-53115 Bonn
Tel: 0228-977910, Fax: 0228-9779199
info@managerseminare.de
www.managerseminare.de/shop

Printed in Germany

ISBN: 978-3-95891-021-8

Herausgeber der Edition managerSeminare:
Ralf Muskatewitz, Jürgen Graf, Nicole Bußmann

Lektorat: Ralf Muskatewitz
Coverfoto: Fotolia 63675792, alphaspirit, Under pressure
Illustrationen: Stefanie Diers
Druck: Kösel GmbH und Co. KG, Krugzell

Für Andreas

Inhalt

Einleitung

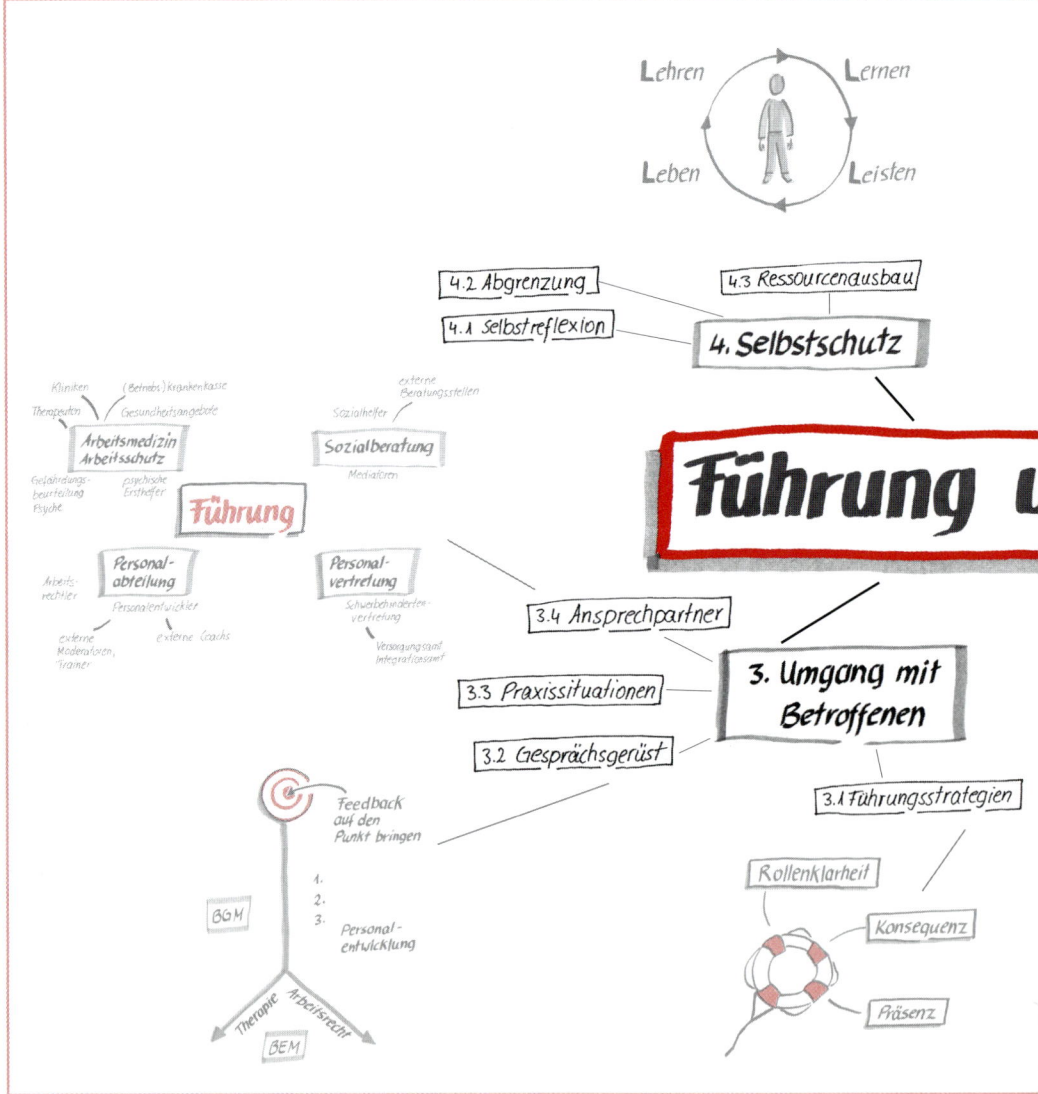

Sonja Höhn

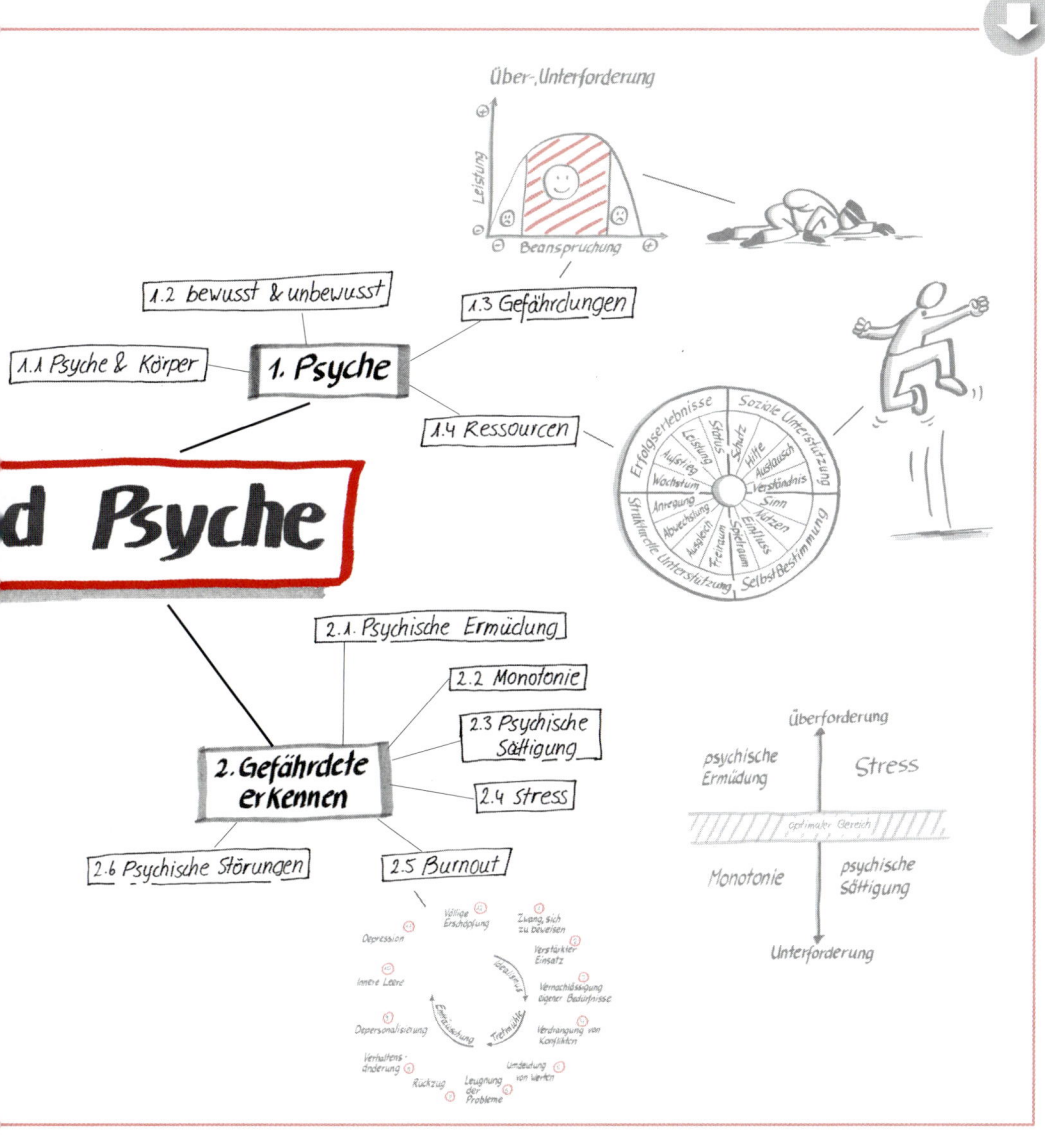

Über-,Unterforderung

Leistung

Beanspruchung

1.2 bewusst & unbewusst

1.3 Gefährdungen

1.1 Psyche & Körper

1. Psyche

1.4 Ressourcen

Erfolgserlebnisse
Soziale Unterstützung
Leistung
Status
Schutz
Anforderung
Hilfe
Wachstum
Austausch
Verständnis
Anregung
Sinn
Abwechslung
Nutzen
Ausgleich
Einfluss
Freiraum
Spielraum
Strukturelle Unterstützung
Selbstbestimmung

d **Psyche**

2.1. Psychische Ermüdung

2.2 Monotonie

2.3 Psychische Sättigung

2. Gefährdete erkennen

2.4 Stress

2.6 Psychische Störungen

2.5 Burnout

Völlige Erschöpfung
Zwang, sich zu beweisen
Depression
Verstärkter Einsatz
Innere Leere
Vernachlässigung eigener Bedürfnisse
Depersonalisierung
Verdrängung von Konflikten
Verhaltens-änderung
Umdeutung von Werten
Rückzug
Leugnung der Probleme

Überforderung

psychische Ermüdung
Stress

optimaler Bereich

Monotonie
psychische Sättigung

Unterforderung

Darum geht's

Psychischer Arbeits- und Gesundheitsschutz ist ein hochaktuelles Thema. Führungskräfte stehen zunehmend in der Pflicht – und keiner weiß so richtig, worauf es dabei ankommt und woher die nötigen Kompetenzen kommen sollen. Das Buch bietet einen kompakten, in einen logischen Zusammenhang gestellten Überblick zu den wichtigsten Führungsthemen zum psychischen Gesundheitsschutz.

Für junge Führungskräfte stellen die Inhalte eine gute Basis für den Einstieg dar. Erfahrene Führungskräfte erhalten einen (psycho)logischen Rahmen für ihre Kompetenzen, die sie in dem Bereich bereits aufgebaut haben. Psychische Gesundheit fordert eine starke Zusammenarbeit im Unternehmen. Deshalb könnten auch andere Funktionseinheiten wichtige Informationen aus den Inhalten gewinnen.

Die Mind Map auf den vorangegangenen Seiten erleichtert es Ihnen, direkt in die für Sie wichtigen Fragen zu springen. Falls Sie Informationen aus anderen Kapiteln benötigen, gebe ich entsprechende Hinweise. Wenn Sie schrittweise von Anfang an lesen, werden Sie zunehmend besser mit dem Thema vertraut.

> ❯ *Kapitel 1* zeigt Ihnen, wie unsere Psyche funktioniert und was schlecht oder gut für sie ist.
> ❯ *Kapitel 2* unterstützt Sie bei der Früherkennung und ersten möglichen Gegenmaßnahmen. Es beginnt bei Störungen des Wohlbefindens und geht bis zu psychischen Erkrankungen.
> ❯ *Kapitel 3* bildet den Kern der Führungskompetenzen ab, die sich in meiner langjährigen Arbeit mit Führungskräften zum Umgang mit psychischen Gefahren herausgebildet haben. Sie finden dort drei Hauptstrategien, deren Zusammenspiel ich an einem Gesprächsgerüst darstelle und mit typischen Praxissituationen illustriere. Alle Praxisbeispiele sind aus mehreren ähnlich gelagerten Fällen exemplarisch zusammengestellt und aus Schutzgründen verfremdet. Ansprechpartner und Hilfen, die Sie benötigen, finden Sie am Ende des Kapitels.
> ❯ *Kapitel 4* vermittelt Ihnen schließlich einige wirksame Instrumente, wie Sie sich selbst vor psychischen Gefährdungen schützen können.

Bei Stressbewältigung und Kommunikation verweise ich auf andere Quellen, da sie Teil jeder gängigen Personal- und Führungskräfteentwicklung sind.

Service: Handouts und Kopiervorlagen zum Download

Als Führungskraft sind Sie gehalten, sowohl Ihre eigenen Schritte zu reflektieren, als auch das Verhalten Ihrer Mitarbeiter wahrzunehmen und zu steuern. Die richtige Unterstützung in diesem sensiblen Bereich bietet Ihnen eine Anzahl an Dokumenten, Quellen und Ressourcen, die Sie begleitend zum Buch per Download abrufen können. Einige der Inhalte des Buchs können Sie als Handouts oder Kopiervorlagen für interne Schulungen abrufen und einsetzen bzw. als Strukturierungshilfen für Mitarbeitergespräche verwenden. Zugriff haben Sie über den Link in der inneren Umschlagklappe des Buchs.

Download-Handouts erkennen Sie an diesem Symbol – den Link finden Sie in der Umschlagklappe.

Dankeschön

Ganz besonders bedanke ich mich bei Felix Brückner und Heike Jung für ihre geduldige Unterstützung und ihren lieben Zuspruch.

Ralf Muskatewitz und seinem Team von managerSeminare möchte ich für die angenehme und konstruktive Zusammenarbeit danken.

Letztendlich geht mein Dank an diejenigen Führungskräfte, die mit mir ihre Probleme besprochen haben und mir Rückmeldung zur Umsetzbarkeit der Lösungen gaben. Nur durch diesen Austausch konnten die Inhalte des Buches in dieser Art reifen.

1 Was ist schlecht oder gut für unsere Psyche?

In diesem ersten Kapitel geht es darum, nach welcher grundsätzlichen Logik die Psyche funktioniert. Wie spielen Psyche und Körper, und bewusste mit unbewussten Prozessen zusammen? Diese Zusammenhänge lassen uns Stärken und Grenzen unserer Psyche nachvollziehen und psychische Fehlreaktionen besser verstehen. Auf Unternehmen bezogen, ergeben sich daraus zwei Aspekte: Welche psychischen Gefährdungen müssen wir vermeiden? Und: Was ist psychisch gesunde Arbeit?

1.1 Psyche und Körper

Drei Hauptaussagen kennzeichnen diesen Abschnitt:

▶ Psychische Prozesse sind objektivierbar.
▶ Körper und Psyche beeinflussen sich wechselseitig.
▶ Psychische Haltungen werden auf andere übertragen.

Die Psyche ist über ihre Funktionen definiert: Denken, Fühlen, Handeln. Die Definition ist Teil der Normenreihe DIN EN ISO 10075 internationaler Standard (Arbeitsbedingte psychische Belastungen, Teil 1: Begriffsbestimmungen). Diese begriffliche Klarheit ist von großem Vorteil. Viele Konflikte und Missverständnisse in Betrieben rühren daher, dass Begriffe rund um die Psyche sehr unterschiedlich gedeutet werden und mit vielen Ängsten besetzt sind.

Wie spielen Denken, Fühlen, Handeln und Körper zusammen? Unser Nervensystem besteht aus dem

▶ zentralen Nervensystem
▶ somatischen Nervensystem
▶ autonomen oder vegetativen Nervensystem

Sonja Höhn

Das zentrale Nervensystem ist über „Hirnwellen" abbildbar: Frequenz-bänder im Elektroenzephalogramm (EEG). Das somatische Nerven-system betrifft in der Hauptsache unsere Motorik. Das autonome Nervensystem ist deshalb für Messungen so spannend, weil es sich nicht direkt willentlich von uns beeinflussen lässt. Die Messungen, die die meisten kennen, werden Lügendetektoren sein. Ein Lügendetektor misst natürlich keine Lügen, sondern die Stressreaktion. Diese lässt sich sehr gut über die Parameter des autonomen Nervensystems ab-bilden. Interessant sind zwei bedeutende Untersysteme: Sympathikus und Parasympathikus. Der Sympathikus ist der, der „Gas gibt" und der Parasympathikus bremst die Stressreaktion.

Anschaulicher macht das die nächste Abbildung:

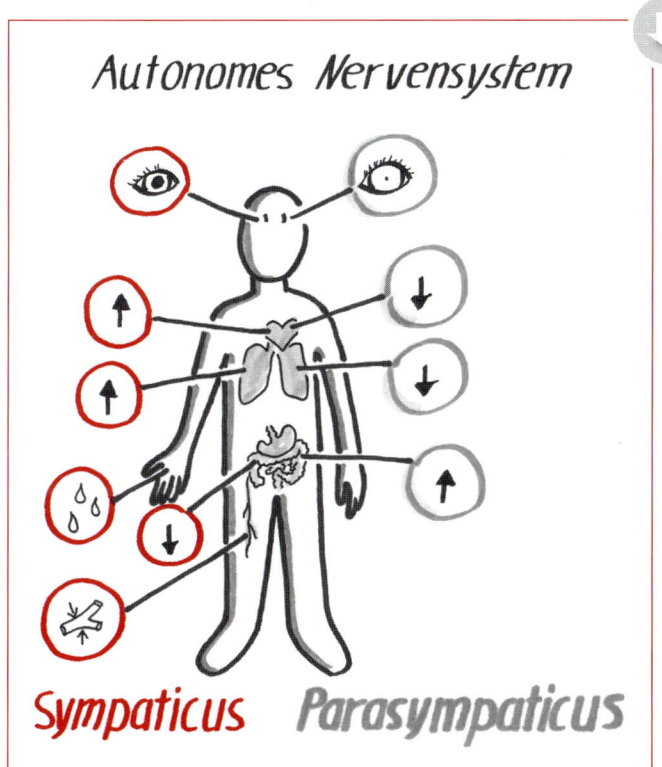

Abbildung 1:
Autonome Regulation

Die linke Seite der Abbildung stellt einige Parameter der Stressreaktion dar. Im Stress geht der Herzschlag hoch. Die kleinen Blutgefäße veren-gen sich und die Finger werden deshalb kalt. Die Hände werden feuch-ter. Es bildet sich ein Film aus salzhaltiger Flüssigkeit auf der Haut. Salzhaltige Flüssigkeiten leiten Strom sehr gut. Das wird für den Lügendetektor benutzt, der die Hautleitfähigkeit misst. Sie verändert sich nach einem Reiz sehr schnell und lässt damit direkte Rückschlüsse auf den Auslöser zu. Die anderen Parameter reagieren leicht zeitverzögert. Weitere Veränderungen unter Sympathikus-Einfluss sind: Die Pupillen weiten sich. Das Einatmen wird gefördert, die Darmtätigkeit verringert. Bei größerem Stress wird vorher noch Ballast abgeworfen. Viele müssen zum Beispiel vor Prüfungen ständig auf die Toilette.

Wenn der Puls steigt, die Temperatur sinkt und sich die Hautleitfähigkeit verbessert, sind wir im Stress. Andere Emotionen führen zu anderen Kombinationen der einzelnen Parameter.

Psychische Reaktionen sind über mehrere Alternativen erfassbar

- Beobachtung
- Leistungstests
- Fragebogen
- Interview
- Erhebung physiologischer Parameter
  - Hautleitfähigkeit, Puls, Temperatur …
  - Blutwerte, Stresshormone im Blut …

Psychische Vorgänge wirken sich immer auch körperlich aus. Und umgekehrt.

Psychische Vorgänge wirken sich immer auch körperlich aus. Und umgekehrt! Wenn ich mich schlecht fühle, drückt das mein Körper aus. Und umgekehrt? Wenn ich mich bewusst in eine Körperhaltung bringe, die einem guten Gefühl entspricht, fühle ich mich nach einer gewissen Zeit besser. Probieren Sie es aus. Bringen Sie sich in eine Körperhaltung, die positiven Gefühlen entspricht: Stolz, fröhliche Zufriedenheit oder gelassene Stärke. Stellen Sie sich so genau wie möglich vor, welche Körperhaltung diesem Gefühl entspricht und setzen Sie sie um. Halten Sie das mindestens zwei Minuten durch. Testen Sie, was mit Ihrer Stimmung passiert ist. Sie wird sich angepasst haben. Auch starke bildhafte Vorstellungen wie „der Fels in der Brandung" oder „der tief verwurzelte Baum" können Stimmung und Haltung verändern. Denn wenn „innere Bilder" (Gerald Hüther, 2006) zu einer Entspannung passen, greifen zunehmend stressreduzierende, parasympathische Einflüsse: Das Herz wird ruhiger, das Ausatmen wird betont, Sie atmen auf! Die Hände werden wärmer und der Darm fängt wieder an zu arbeiten. Für die meisten Raucher ist Rauchen deshalb so entspannend, weil sie dabei immer wieder tief einatmen und lange ausatmen. Das wirkt wie eine

Atementspannungstechnik. Was nicht heißt, dass Sie mit dem Rauchen anfangen sollten. Atmen können Sie auch ohne Zigarette.

Die Entspannung über eine bestimmte Atemtechnik wirkt sich beruhigend auf Herz und Gefäße aus und die Muskelspannung geht zurück. Ein anderer Effekt, den Sie vielleicht kennen: Wenn sich der Stirnmuskel entspannt, löst sich reflektorisch die Schulter-Nacken-Region. Das wirkt wiederum entspannend auf das autonome Nervensystem ein. Teilnehmer haben mir bestätigt, dass ihre Kinder und Haustiere ruhiger werden, wenn sie sie an der Stirn sanft massieren oder streicheln.

Die *Wechselwirkung* von Körper und Psyche wird heute zunehmend in Coaching und Therapie genutzt. Experimente von Weisfeld und Beresford (1982) zeigen zum Beispiel, dass wir auf Erfolge nicht stolz sein können, wenn wir dabei in gekrümmter Körperhaltung sitzen müssen. Wenn wir aufrecht mit geradem Rücken sitzen, glauben wir sofort, dass wir toll waren (Maja Storch, 2006). | **Der Einfluss der Körperhaltung**

Wichtig ist noch, dass Stimmungen von anderen in unserer Nähe ansteckend wirken. Grund hierfür sind die Spiegelneurone (Joachim Bauer, 2005). Über sie nehmen wir wahr, wie sich andere fühlen. Dadurch, dass wir uns unbewusst in ihre Haltung einfühlen, werden bei uns die dazugehörigen Netzwerke in den Nervensystemen aktiviert. Ich kann andere also nachweislich durch meine eigene Stimmung beeinflussen. Das geschieht unbewusst. | **Stimmungen wirken ansteckend.**

1.2 Bewusste und unbewusste Prozesse

Wir werden von zwei unterschiedlichen Prozessen gesteuert. Von einem schnellen, unbewussten und einem langsamen, bewussten Prozess. Für unsere bewusste Steuerung müssen wir Energie aufbringen. Unsere unbewusste Hauptsteuerung läuft energiesparend und assoziativ.

Die unbewusste Steuerung läuft assoziativ.

Wo kommen diese Assoziationen her? Die Umwelt trifft über unsere Wahrnehmung auf einen Arbeitsspeicher, der mit ca. 7 Informationseinheiten umgehen kann (George A. Miller, 1956). Diese Engstelle führt dazu, dass unser Hirn alles in Mustern, Netzwerken und Prototypen abspeichert. Neue Informationen werden bestehenden Mustern zugeordnet. Die Muster werden dadurch deutlicher herausgebildet und

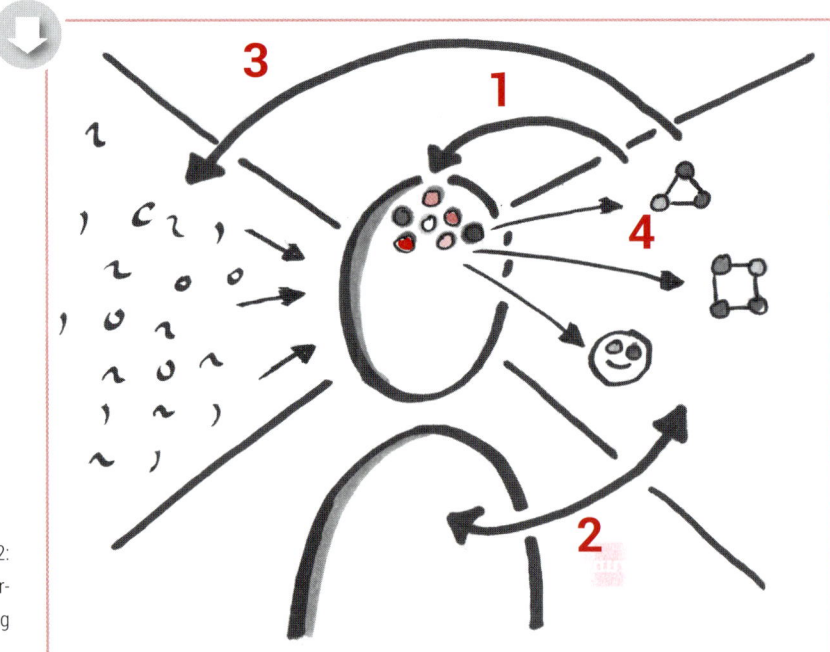

Abbildung 2:
Menschliche Informationsverarbeitung

1: Muster entlasten unseren Arbeitsspeicher, der nur ca. sieben Einheiten schafft.
2: Aktive Muster beeinflussen unseren Organismus und dieser beeinflusst wiederum, welche Muster aktiviert werden.
3: Muster greifen aktiv in unsere Wahrnehmung ein.
4: Informationen müssen immer wieder durch die Engstelle des Arbeitsspeichers. Dadurch werden prototypische Muster geprägt.

komplexer. Wir können zunehmend komplexere Einheiten verarbeiten. Mit diesen Mustern werden Bewältigungsstrategien, Körperreaktionen und Emotionen abgespeichert. So kann es sein, dass wir bestimmte Wörter hören und sofort in eine andere Stimmung kommen. Diese Stimmungen greifen dann wieder aktiv in unsere Wahrnehmung der Umwelt ein. Wenn wir schlechte Laune haben, nehmen wir eher war, was zu unserer schlechten Laune passt. Unser Hirn hebt jene Muster in der Umwelt deutlicher hervor, die es für wichtiger hält. So sind wir unbewusst ständig dazu verleitet, Gesichter zu erkennen. Deshalb können wir zum Beispiel die „Mimik" unseres Autos beschreiben. Wenn wir in einer Menschenmenge unseren Namen hören, kann unser Ohr durch winzig kleine Muskeln wie ein Richtmikrofon arbeiten und auf die Person fokussieren, die unseren Namen genannt hat.

Den Muster-Prägeprozess kann man sich so vorstellen: Unsere Wahrnehmung hinterlässt einen „Stempel" in unserem Hirn. Alles, was ähnlich ist, wird darübergestempelt. Irgendwann bildet sich das typische Muster ab, das allen unterschiedlichen Stempeln gleich ist. Man muss sich nicht jede Tomate einzeln merken, um sie als Tomate zu erkennen (Manfred Spitzer, 2003). Stellen Sie sich vor, Sie müssten alle Gesichtsausdrücke aus allen Richtungen mit allen möglichen Haarschnitten lernen, um jemanden wiederzuerkennen. Dann wäre unser Kopf schnell voll. Es reicht, wenn das Prototypische eines Gesichts abgespeichert ist. Der erste Stempel hat bei diesem Prozess natürlich einen größeren Einfluss als die folgenden. Das führt dazu, dass wir an dem länger festhalten, was wir zuerst gelernt haben.

Bei diesem Prägeprozess werden auch Bewegungsmuster abgespeichert. Die meisten von uns haben zum Beispiel ihre PIN der EC-Karte „in ihrer Hand". Gut, dass alle Ziffernblocks am Geldautomat gleich aussehen. Wenn wir die Nummer mit einer Laptoptastatur eingeben müssten, kämen wir in Schwierigkeiten.

Muster

unbewusste Steuerung	bewusste Steuerung
schnell	langsam
durchsetzungsstark	energieraubend
assoziativ	seriell
ca. 11.000.000 Bit/s	60 - 70 Bit/s
Automatismen	Konzentration

Abbildung 3: Gegenüberstellung unbewusste und bewusste Steuerung

Wenn es um schnelle Bewegungsabläufe geht, die uns die physikalische Umwelt eingestempelt hat, kann es sogar gefährlich werden, darüber bewusst nachzudenken: Mein Fahrlehrer hat mir einmal erklärt, was das „Contra-Lenken" beim Motorradfahren ist: Wenn ich in Schrittgeschwindigkeit Hindernisse umfahren muss, lenke ich in die Richtung, in die ich fahren will. Wenn ich aber mit hoher Geschwindigkeit in eine Kurve fahre, dreht sich der Lenker in die entgegengesetzte Richtung. Das theoretisch zu verstehen und nachzuvollziehen, erfordert bereits unsere volle Konzentration. Beim Fahren sind wir darauf angewiesen, dass unser Körper dies unbewusst und schnell regelt. Wenn wir uns bewusst machen wollten, wie wir uns genau bewegen, welcher Arm nach vorne drückt, welcher nach hinten zieht, in welche Richtung die Körpermitte schwingt, wohin unser Kopf sich dreht, könnte es sein, dass wir es nicht wissen oder es uns falsch vorstellen. Gefährlicher ist es, wenn wir uns das während der schnellen Fahrt in der Kurve bewusst machen wollten. Das könnte uns aus der Bahn werfen. Also bitte nicht ausprobieren!

Unser bewusstes Denken ist viel zu langsam dafür. Es kann eine Menge von ungefähr zwei bis drei kurzen Wörtern pro Sekunde verarbeiten, nichts Zusätzliches in dieser Zeit. Dijksterhuis kommt auf ein absolutes Maximum der bewussten Verarbeitung von 60 Bit/s. Dabei ist die Kapazität von der jeweiligen Aufgabe abhängig: Lesen – 45 Bit/s; Lautes Lesen – 30 Bit/s; und Zählen, zum Beispiel die Buchstaben in einem Wort – 4 Bit/s. Das ist sehr langsam. Und da unser bewusstes Denken mehr Energie verbraucht als der unbewusste, assoziative Prozess, geht unser Organismus sehr sparsam mit dem bewussten Denken um! Unser Unbewusstes ist energiesparender und rund 200.000-mal schneller als unser bewusstes Denken. Das Unbewusste schafft ca. 11,2 Mio Bit/s (Ap Dijksterhuis, 2010)!

Dsehalb schfafen wir es acuh, deiesn Txet heir zu lseen. Usner asosziaivter scnhelelr Proszes ekrnent die wesnetelcihn Mrekmlae enies Wroets und bsatelt den Txet dnan eifnach weiedr rcihitg zsuamemn!

(Nach eine Studie der Universität Cambridge, Colin Blakemore, 1977)

Vielleicht sollte ich den Verlag einmal fragen, ob wir das mit der Rechtschreibprüfung einfach lassen. Oder?

1.3 Gefährdungen für unsere Psyche

Was kann für Mitarbeiter psychisch gefährdend sein? Ein Mensch ist am gesündesten unterwegs, wenn das, was von ihm verlangt wird, zu seinen Fähigkeiten passt. Dann ist er motiviert und bringt die beste Leistung. Das ist abhängig von der Tätigkeit, der Tageszeit, den Erfahrungen und anderen Einflüssen. Kritisch sind Über- oder Unterforderung. Diese Zusammenhänge macht das „Yerkes-Dodson-Gesetz" deutlich.

Abbildung 4:
Über- und Unterforderung (Yerkes-Dodson-Gesetz, 1908)

Im mittleren Bereich liegt unser Leistungshoch. Der rechte Bereich markiert die Überforderung, der linke die Unterforderung. Wenn wir an der Grenze zur Überforderung sind, lernen wir dazu. Wenn wir an der Grenze zur Unterforderung tätig sind, entwickeln wir Automatismen und Routinen. In der kritischen Über- und Unterforderung sind wir langsamer und fehleranfälliger als wir sein könnten. In der Unterforderung herrscht Frust und Langeweile vor, in der Überforderung sind wir gestresst und geistig erschöpft.

Unser Leistungshoch liegt im mittleren Bereich.

Eine psychische Belastung ist, was von außen erfassbar auf den Menschen psychisch einwirkt. Eine psychische Gefährdung ist eine Belastung, die uns über- oder unterfordert (fehlbeansprucht).

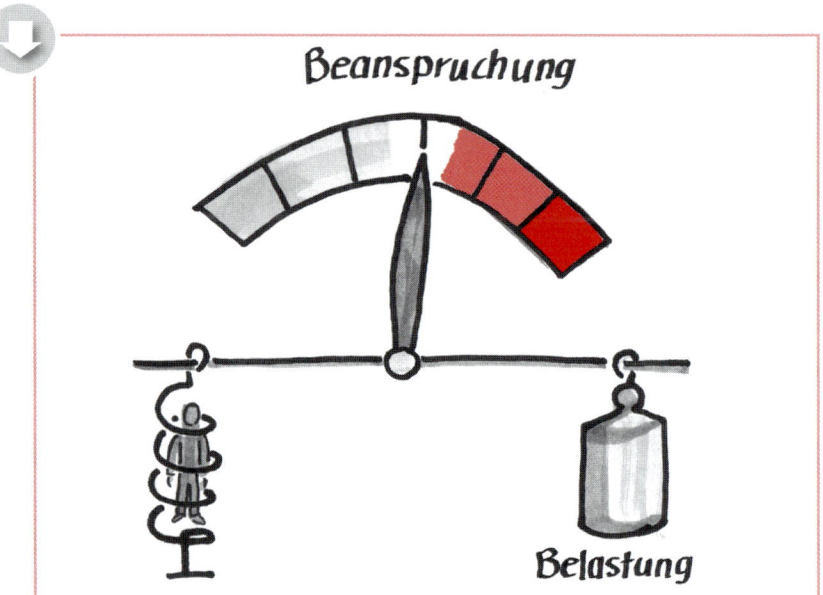

Abbildung 5:
Unterschied Belastung
und Beanspruchung
(DIN 10075 Teil 1)

Die Arbeitspsychologie hat erforscht, welche psychischen Belastungen für die meisten von uns gefährlich werden könnten.

Potenzielle
Gefährder

Potenziell gefährlich für die Psyche sind zum Beispiel folgende Einwirkungen:

> Aus der Arbeitsaufgabe
  - Geringer Handlungsspielraum und hohe Verantwortung
  - Starker Termin- und Leistungsdruck
  - Emotionale Inanspruchnahme
> Aus der Arbeitsorganisation
  - Häufige Unterbrechungen
  - Überstunden
> Durch soziale Bedingungen
  - Konflikte und Spannungen zwischen Kollegen
  - Fehlende Führung
  - Autoritärer Führungsstil

Gefährdungs-
beurteilung

Sie können einen Arbeitsplatz auf psychische Gefährdungen hin analysieren, ohne dass Sie den Mitarbeiter dazu kennen müssen. Das ist Sinn
und Zweck der Gefährdungsbeurteilung Psyche. Es geht nicht darum,
die psychische Gesundheit einzelner Mitarbeiter zu untersuchen!

Über die Gefährdungsbeurteilung wird die tatsächliche Gefahr in den
Betrieben eingeschätzt. Jeder Betrieb ist anders aufgestellt und die
Einschätzung hängt davon ab, welche Gegengewichte zu den Gefähr-
dungen das Unternehmen bieten kann. Die stärksten Ressourcen im
Unternehmen sind: gutes Betriebsklima, soziale Unterstützung, Zusam-
menhalt im Team, Rückendeckung durch Führungskräfte, Erfolgserleb-
nisse, Handlungsspielraum, Selbstbestimmtheit und Sinn (Stressreport
Deutschland 2012, INQA-Studie 2006).

Mitarbeiter klagen zum Beispiel über zu hohe Arbeitsintensität, schlechte Arbeitsabläufe und emotionale Inanspruchnahme. Die Abteilung ist
stark gewachsen und die Arbeitsprozesse sind noch nicht angepasst.
Die emotionale Inanspruchnahme kommt durch die Beschwerdebear-
beitung, da die Mitarbeiter aggressive Kunden beruhigen müssen. Die
meisten Beschäftigten gleichen das durch Ressourcen aus der Arbeit
aus, zum Beispiel über Handlungsspielräume, Erfolgserlebnisse und
soziale Unterstützung. Wenn dieses Gleichgewicht in Schieflage gerät,
kann sich das schnell am steigenden Krankenstand bemerkbar machen.
Es kann bereits kippen, wenn Automatisierungen, zentrale Disposition
oder technische Prozesse eingeführt wurden, die den Handlungsspielraum der Mitarbeiter verringern.

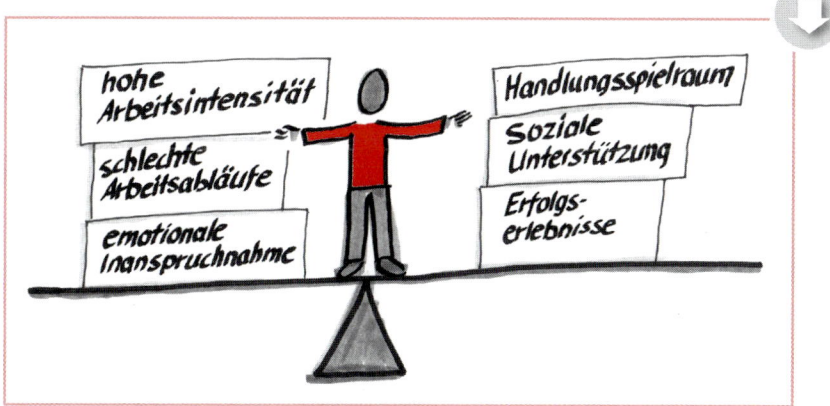

Abbildung 6:
Beispiel Gleichgewicht Gefährdungen und Ressourcen

Unternehmen müssen eine „Gefährdungsbeurteilung Psyche" durchführen und dokumentieren (§§ 5, 6 Arbeitsschutzgesetz). Welche Methode, welches Verfahren sie dabei einsetzen, ist ihnen überlassen. Zur Gefährdungsbeurteilung Psyche hat die Bundesvereinigung der Deutschen Arbeitgeberverbände 2013 einen Praxisleitfaden herausgegeben. Auf der Seite der Bundesanstalt für Arbeitsschutz und Arbeitsmedizin (BAuA) finden Sie eine umfangreiche Auswahl an Verfahren.

1.3.1 Die Krafträuber

Gefährdungsfaktoren

Die Krafträuber sind eine Sammlung aus allgemein anerkannten, psychischen Gefährdungsfaktoren, formuliert aus der Perspektive der Arbeitsplatzinhaber, die ich Ihnen hier als Tool zur Verfügung stelle.

Krafträuber, Kartenset

Abbildung 7:
Krafträuber

Bei meiner Arbeit mit Führungskräften und Mitarbeitern in schwierigen Situationen war es meist gut, eine Sammlung von möglichen Gefährdungen parat zu haben. Das verhinderte, dass wir uns zu sehr auf augenfällige Faktoren konzentrierten und gab uns zusätzliche Impulse. Deshalb schrieb ich die Gefährdungen von verschiedenen Checklisten auf Karten. Wir konnten dann aussortieren, wieder hinzufügen, gruppieren und eine Rangreihenfolge bilden.

Ein Beispiel illustriert die Anwendung: Mitarbeiter klagten immer wieder über zu viel Stress und forderten zusätzliche Mitarbeiter zur Unterstützung. Es kam zu einem Dauerstreit zwischen Führung und Mitarbeitern. Ressourcen für mehr Beschäftigte standen nicht zur Verfügung – und das führte auf Führungsebene zu Killerphrasen wie: „Das Leben ist eben kein Wunschkonzert." Alle in der Abteilung waren an der Grenze ihrer Leistungsfähigkeit angelangt.

In der Analyse mit dem Führungsteam kamen wir zu folgendem Kern-
problem:

Doppelte Führung

Ich bin mehr als einer Führungskraft
unterstellt. Oder höhere Führungskräfte
greifen direkt auf mich zu.

Schlechte Arbeitsabläufe

Mein Arbeitsablauf wird häufig durch
Technikausfälle, Personalausfälle,
Umstellungen oder Fristversäumnisse
unterbrochen.

Unklare Schnittstellen

Mir ist häufig unklar, wer für was
außerhalb meines Arbeitsbereichs
verantwortlich ist.

Unklare Rollen

Ich weiß nicht immer, wofür genau ich
zuständig bin oder wozu ich berechtigt
bin.

Abbildung 8:
Beispiel Krafträuber
– Führungsteam

Eine koordinierte Zusammenarbeit in der Abteilung war dadurch er-
schwert, dass die Mitarbeiter sich „aussuchen" konnten, welcher Führungskraft sie folgten. Es entstanden erhebliche Reibungsverluste
dadurch, dass sich die Aussagen der Führungskräfte nicht vereinbaren
ließen. Das verwässerte die Prozesse und die Verantwortungsbereiche
zusätzlich. Die Ergebnisse zeigten, dass die ersten Lösungsschritte in
der Klärung der Rollen und Abläufe lagen.

1.4 Ressourcen für unsere Psyche

Was ist gesund für unsere Psyche? Was ist gute Arbeit? Unser (Arbeits-) Leben ist ein ständiges Hin und Her zwischen unerfüllten und erfüllten Bedürfnissen. Bei negativen Gefühlen suchen wir nach Bedürfnisbefriedigung. Wenn Bedürfnisse befriedigt sind, erleben wir positive Gefühle und tanken auf. Das gilt für Körper und Psyche. Wenn wir Hunger haben, bekommen wir schlechte Laune. Wenn wir gegessen haben, geht es uns besser. Das muss so sein. Stellen Sie sich vor, wir hätten bei Hunger gute Laune. Wir würden verhungern. Genauso ist es bei psychischen Bedürfnissen. Wenn wir etwas gefühlt Sinnloses machen sollen, bekommen wir schlechte Laune. Wenn wir den Sinn erkennen, geht es leichter. Solange es sich die Waage hält, bleiben wir gesund. Wenn es kippt und nur noch Kraft kostet, wird es ungesund.

Arbeitsbedingungen, die Bedürfnisse erfüllen, beschäftigen Motivationstheoretiker schon lange. Die bekanntesten Motivationstheorien (Eberhard Ulich, 1998) sind die Zwei-Faktoren-Theorie von Herzberg (1959) und die Bedürfnispyramide von Maslow (1954).

Bedürfnispyramide von Maslow

Die Bedürfnispyramide beschreibt eine Hierarchie von Bedürfnisgruppen. Von den niedrigsten zu den höchsten Bedürfnissen sind das: physiologische Bedürfnisse, Sicherheit, soziale Bindungen, Selbstachtung und Selbstverwirklichung. Die hierarchische Anordnung soll aussagen, dass erst niedrigere Bedürfnisse befriedigt werden müssen, bevor sich höhere befriedigen lassen.

Zwei-Faktoren-Theorie von Herzberg

Die Zwei-Faktoren-Theorie von Herzberg unterscheidet motivierende Arbeitsfaktoren von Hygienefaktoren. Hygienefaktoren verhindern Unzufriedenheit. Hierzu zählte Herzberg äußere Arbeitsbedingungen, Beziehungen zu Kollegen und Vorgesetzten, Firmenpolitik, Krisensicherheit und Bezahlung. Diese Faktoren könnten aber keine Zufriedenheit herstellen. Dies könnten nur die Motivatoren: die Tätigkeit selbst, Möglichkeiten etwas zu leisten, persönliche Weiterentwicklung, Verantwortung bei der Arbeit, Aufstiegsmöglichkeiten und Anerkennung.

Die strenge Hierarchie von Maslow und die strikte Trennung in Motivatoren und Hygienefaktoren von Herzberg ließen sich nicht aufrechterhalten. Die heute wissenschaftlich anerkannten Humankriterien sind Merkmale der Gestaltung von Arbeitstätigkeiten. Sie lösen Aufgabenorientierung oder intrinsische Motivation aus (Ulich, 1998):

- ❯ Ganzheitlichkeit der Tätigkeit
- ❯ Anforderungsvielfalt
- ❯ Möglichkeiten der sozialen Interaktion
- ❯ Autonomie
- ❯ Lern- und Entwicklungsmöglichkeiten
- ❯ Zeitelastizität und stressfreie Regulierbarkeit
- ❯ Sinnhaftigkeit

Humankriterien

Zurzeit lässt sich in vielen Verwaltungsbereichen folgende Veränderung beobachten: Um die große Flut von Kundenanfragen schneller zu beantworten, werden Abläufe zunehmend automatisiert. Mitarbeiter sitzen an ihren Rechnern und lassen sich mit Eingängen bestücken. Der Blick auf die Kollegen ist nur noch notwendig, wenn es um die Verteilung der Servicezeiten oder die Urlaubsplanung geht. Die Arbeitsintensität steigt und die Mitarbeiter fühlen sich zunehmend unter Druck und Beobachtung. Entscheidungsfreiheiten bezogen auf zeitliche Abläufe der Arbeit sind kaum noch gegeben. Die Arbeitsabläufe werden zumindest in der Einführungszeit als schlecht empfunden. Und nach der Einführung kommt es oft zu Rückstaus, die zu zusätzlichen Beschwerden von Kunden führen. Der Blick auf den Kunden, den Fall, den Sachverhalt als Ganzes geht verloren. Dadurch bleiben Erfolgserlebnisse aus. Mitarbeiter und Führungskräfte in diesen Situationen beklagen sich sehr über diese veränderten Arbeitsbedingungen. Frustration und Resignation gehen dabei sehr weit. Die Mitarbeiter würden diese Arbeit eher als ressourcenarm einschätzen. Diejenigen, die für diese Tätigkeit eine Ausbildung abgeschlossen hatten, sind schwerer betroffen.

Nach der Norm für Bürotätigkeiten mit Bildschirmgeräten sollten diese Arbeitsplätze so gestaltet sein, das Wohlbefinden gefördert wird. Die Tätigkeit soll erleichtert und Gesundheit sichergestellt werden. Möglichkeiten zur Weiterentwicklung der Benutzer sollten vorgesehen sein. Einzelarbeit, zu viel Zeitdruck und zu starke Wiederholungsgrade sollen vermieden werden (DIN EN ISO 9241 – 2).

Die DIN will damit die Umsetzung der Humankriterien gewährleisten. Ressourcenarme Arbeit, die den Humankriterien nicht entspricht, löst dementsprechend auch keine Aufgabenorientierung oder intrinsische Motivation aus.

Welche Arbeit löst Aufgabenorientierung und intrinsische Motivation so gut aus, dass wir sie sogar ohne Bezahlung gern machen würden? Der Psychologe Mihály Csikszentmihályi formuliert in seinem FLOW-Prinzip die Schritte, die glücklich machende Arbeit enthalten muss:

FLOW-Prinzip nach Csikszentmihályi

➤ Gesamtziel in Unterziele unterteilen. Mit Blick auf das größere Ziel verleiht das der Tätigkeit Sinn und schützt gleichzeitig vor Über-/Unterforderung.

➤ Fortschritte messen. So lassen sich Erfolge und Kompetenzsteigerungen erleben.

➤ Tätigkeiten verfeinern. Das erfüllt den Wunsch nach Tiefgang und Weiterentwicklung.

➤ Fähigkeiten entwickeln. Das sichert Wachstum und Ausbau von Stärken.

➤ Die Messlatte anheben. Dies befriedigt das Bedürfnis nach Herausforderung.

In den Beispielen von Csikszentmihályi haben die Menschen die Möglichkeit, diese Schritte autonom zu gestalten. Diese Form der Selbstbestimmung stellt eine wichtige, übergreifende Ressource dar.

Was sind wichtige Aspekte guter Arbeit aus Sicht von Erwerbstätigen (INQA-Bericht Nr. 19)?

Aspekte guter Arbeit

➤ Soziale Unterstützung durch Kollegen
➤ Positive Rückmeldung durch Arbeitsinhalt oder Arbeitsergebnis
➤ Soziale Unterstützung durch Vorgesetzte
➤ Einflussmöglichkeiten
➤ Möglichkeiten für Abwechslung oder Kreativität
➤ Hilfreiche betriebliche Weiterbildung
➤ Entwicklungsmöglichkeiten

1.4.1 Das Kraftrad

Das Kraftrad liefert eine Übersicht der wichtigsten Ressourcen und Gestaltungsmerkmale guter Arbeit.

Übergreifende Ressourcen

Die wichtigsten übergreifenden Ressourcen sind:

➤ Soziale Unterstützung
➤ SelbstBestimmung
➤ Strukturelle Unterstützung
➤ Erfolgserlebnisse

Soziale Unterstützung ist die Ressourcengruppe mit dem größten Potenzial, auch aus Sicht von Erwerbstätigen (INQA-Bericht Nr. 19, Studie von 2004). Besonders, was die Unterstützung durch Kollegen und Vorgesetzte betrifft. Wobei aus Sicht der Erwerbstätigen die Unterstützung durch

Abbildung 9: Kraftrad

Kollegen – und nicht durch die Vorgesetzten – der „letzte Rettungsanker" bleibt. Je belastender die Arbeit, desto schlimmer ist der Verlust der sozialen Unterstützung durch Kollegen! Zur sozialen Unterstützung gehören Schutz und Rückendeckung durch Vorgesetzte, gegenseitige Hilfe und Unterstützung durch Kollegen, Austausch und Verständnis. Im weitesten Sinn geht es bei sozialer Unterstützung um soziale Interaktionen und Beziehungen zu Kollegen und Vorgesetzten.

SelbstBestimmung: Das große „B" in dem Wort SelbstBestimmung weist auf eine Facette dieser Ressourcengruppe hin: Stimmt das, was ich tue mit meiner „Bestimmung" überein? Also weniger hochtrabend ausgedrückt: Wie viel Sinn und Nutzen finde ich in meiner Tätigkeit? Außerdem beinhaltet diese Kategorie, welchen Einfluss ich auf die Gestaltung meiner Arbeit nehmen kann und wie viel Spielraum ich bei Handlungen und Entscheidungen habe.

Strukturelle Unterstützung umfasst vordergründig sehr unterschiedliche Aspekte, es sind im Grunde alle Eigenschaften von Prozessen,

Systemen, Umgebungsbedingungen und Arbeitsmitteln, die leistungs-
fähiger machen:

➤ Anregung und Inspiration durch Arbeitsumgebung und Arbeits-
  mittel
➤ Abwechslung durch einen Mix von Anforderungen
➤ Ausgleich einseitiger Anforderungen, Pausen
➤ Freiraum, zum Beispiel für stressfreies Nachdenken

Erfolgserlebnisse: Was verschafft Erfolgserlebnisse? Status oder das
Ansehen, das durch die Tätigkeit entsteht; eine Leistung zu erbringen
und steigern zu können; Aufstieg und Karriere zu machen; persönliches
Wachstum und Weiterentwicklung von Kompetenzen.

Das Kraftrad kann helfen,

➤ Ideen für stärkende Maßnahmen zu entwickeln.
➤ bei Arbeitsentlastung nicht aus Versehen die Kraftquellen mit
  abzubauen.
➤ bei Veränderungsprozessen keinen ungünstigen Abbau, sondern
  einen günstigen Ausbau von Ressourcen zu betreiben.
➤ bei der Reflexion der eigenen Tätigkeit.

Abbildung 10:

Kraftspender

1.4.2 Die Kraftspender

Die Kraftspender sind eine Sammlung von kon-
kreten Merkmalen guter Arbeit. Sie gehen in die
gleiche Richtung wie das Kraftrad und machen
die tatsächliche Umsetzung einzelner Ressourcen
greifbarer.

Folgendes Beispiel verdeutlicht das:

Ein Mitarbeiter zeigte in einer Runde mit internen
Kunden zunehmende Unsicherheiten, bis hin zu
Fehlentscheidungen. Die Aufgaben dieser Abteilung waren vergleichbar mit der einer Innenrevi-
sion. Seine Führungskraft wollte herausfinden, wie
sie diesen Mitarbeiter sicherer machen konnte.

Aufgabenklarheit

Die Aufgabenbereiche sind klar beschrieben und gut voneinander abgegrenzt.

Rollenklarheit

Wir wissen, wer in der Zusammenarbeit welche Rolle spielt.

Rückendeckung durch Vorgesetzte

Meine Führung steht hinter mir und stärkt mich.

Abbildung 11: Beispiel Kraftspender – unsicherer Mitarbeiter

Die wichtigsten Erkenntnisse waren:

Kraftspender, Kartenset

▶ Wenn Aufgaben und Rollen klar sind, kann der Mitarbeiter sich seiner Kompetenzen sicherer sein und bestimmter auftreten.
▶ Wenn er sich der Rückendeckung durch seinen Vorgesetzten sicher ist, treten weniger stressbedingte Flüchtigkeitsfehler auf.

2 Woran erkenne ich, wer gefährdet ist?

Für Führungskräfte ist es wichtig, sehr frühe Reaktionen von Mitarbeitern einschätzen und systematisch darauf reagieren zu können. Ich beschreibe daher in diesem Kapitel kurzfristige und chronische Folgen von Über- und Unterforderung, mit dem Spezialfall Burnout. Danach finden Sie noch eine Übersicht psychischer Störungen – und woran man diese erkennt.

Aus Über- und Unterforderung ergeben sich Fehlbeanspruchungsfolgen. Je mehr chronische Fehlbeanspruchungsfolgen Sie bei Mitarbeitern verhindern können, desto geringer werden Fehlzeiten, Qualitätsmängel, Reklamationen und Frühberentungen. Die folgende Übersicht zur Früherkennung habe ich 2004 entwickelt. Sie basiert auf den Arbeiten von Debitz et al. sowie der DIN 10075. Die nächsten vier Abschnitte beschreiben diese Fehlbeanspruchungsfolgen.

Abbildung 12: Übersicht Früherkennung (in Anlehnung an Debitz et al., 2012)

2.1 Psychische Ermüdung

Sicher kennen das viele: Man will noch etwas fertigstellen, kann sich aber beim besten Willen nicht mehr darauf konzentrieren. Dieser Zustand entsteht, wenn wir uns vorher zu lange auf komplizierte Dinge konzentrieren mussten. Konzentration verbraucht viel Energie und irgendwann stellt unser Organismus diese Energie nicht mehr zur Verfügung (siehe Abschnitt 1.2). Dann können wir willentlich keine Konzentration mehr aufbauen. Mir geht es nach einem anstrengenden Tag so. Häufig mache ich dann trotzdem noch meinen Rechner an, um zu schauen, was über den Tag noch so angefallen ist. Ich brauche dann länger, um eingegangene E-Mails zu verstehen und darauf zu antworten. Wenn ich die E-Mail am nächsten Tag geschrieben hätte, hätte ich in kürzerer Zeit besser geantwortet. Haben Sie das auch schon erlebt? Viele versuchen, gerade wenn ihnen dieser Zustand öfter in die Quere kommt, mit „Mittelchen" nachzuhelfen. Schwarzer Kaffee mit viel Zucker oder Energydrinks sind noch das Harmloseste. Im schlimmsten Fall wird bereits zu anderen Aufputschmitteln gegriffen, was eine Kettenreaktion auslösen kann.

Wenn die Ermüdung chronisch wird und wir trotzdem weiter über unsere Leistungsfähigkeit hinaus gefordert werden, entsteht eine Bugwelle von verschobener Arbeit und Fehlerbehebung, die sich zunehmend vor uns auftürmt.

Pausen gegen psychische Ermüdung!

Präventives Mittel gegen Ermüdung ist, *rechtzeitig* Pausen zu machen. Echte Pausen, in denen unsere Konzentration nicht gefragt ist. Das könnten Bewegung an frischer Luft, lockere Gespräche, Entspannung oder ein gemütliches Essen sein. Routinearbeiten, bei denen wir uns nicht konzentrieren müssen, haben einen ähnlichen Effekt. Es ist nur wichtig, dass wir keine geistig energieraubenden Tätigkeiten ausführen. Achten Sie darauf, dass Mitarbeiter ihre Pausenzeiten einhalten und die 10-Stunden-Regel (Arbeitszeitgesetz) beachten. Wird Arbeit mit nach Hause genommen? Werden E-Mails in der Freizeit beantwortet?

Arbeitsentlastung bei chronischer Ermüdung

Wenn jemand schon in der chronischen Ermüdung ist, sollten Sie im ersten Schritt gemeinsam mit dem Mitarbeiter nach Arbeitsentlastung suchen.

2.2 Monotonie

Die meisten sind erleichtert, wenn sie von dem Zustand der Monotonie oder herabgesetzter Wachsamkeit hören. Viele hielten ihre entsprechenden Fehlreaktionen irrtümlich für Anzeichen einer beginnenden Demenzerkrankung. Monotonie und herabgesetzte Wachsamkeit treten bei geistiger Unterforderung auf. Bei der Monotonie besteht die Unterforderung in automatischen Bewegungsabläufen, auf die ich mich nicht mehr konzentrieren muss. Zum Beispiel Fließbandarbeit. Herabgesetzte Wachsamkeit entsteht bei Tätigkeiten, bei denen ich mich auf etwas Reizarmes konzentrieren muss. Zum Beispiel Monitorüberwachung. Beiden Zuständen ist gleich, dass unser Hirn das bewusste, konzentrierte Denken abstellt, um Energie zu sparen (siehe Abschnitt 1.2). Fehlt diese bewusste Steuerung, kann ich mich weder daran erinnern, was genau ich gemacht habe, noch, wie lange es gedauert hat. Das kennen Sie bestimmt, wenn Sie Pendler sind und täglich eine längere Strecke mit dem Auto fahren: Manchmal wundert man sich, dass man schon dort ist, wo man sich befindet. Mit der Monotonie gehen „Amnesie" und fehlendes Zeitgefühl einher. Diese tranceartigen Zustände sind für sich genommen unbedenklich. Die Tätigkeit wirkt sich eher negativ auf den Bewegungsapparat aus, da sie mit gleichförmigen Bewegungen und Haltungen verbunden ist. Wenn die automatisierte Tätigkeit zusätzlich mit einem Sicherheitsrisiko verknüpft ist, kann es psychisch gefährlich werden. Stellen Sie sich Folgendes vor: Sie gehen von Ihrem Auto weg und überlegen, ob Sie es abgeschlossen haben. Das Auto abzuschließen ist so automatisiert, dass auch hierfür „Amnesie" eintritt. Wenn das Auto sehr wertvoll ist, oder wir an einem sehr unsicheren Ort parken mussten, neigen wir stärker zur Kontrolle. Bei einer monotonen betrieblichen Tätigkeit mit hohem Sicherheitsrisiko kann das dazu führen, dass Mitarbeiter Kontrollzwänge entwickeln.

Abwechslung gegen Monotonie!

Präventiv greifen bei Monotonie und herabgesetzter Wachsamkeit die klassischen Arbeitsstrukturierungsmaßnahmen wie Rotation, Inselfertigung, Gruppenarbeit. Die Abwechslung ist dabei das wichtige Prinzip. Dadurch sinken die Fehler, die auf Monotonie oder herabgesetzte Wachsamkeit zurückgehen. Und dem Körper tut es meist auch gut.

Bei psychischer Ermüdung, Monotonie und herabgesetzter Wachsamkeit spricht man von Ermüdung und ermüdungsähnlichen Zuständen. Gegengewichte dazu finden Sie im Bereich der „Strukturellen Unterstützung" (Kraftrad, Abschnitt 1.4.1).

2.3 Psychische Sättigung

Die meisten Führungskräfte kennen den Begriff „psychische Sättigung" nicht. Wenn ihnen dargestellt wird, wie sich jemand verhält, der psychisch gesättigt ist, erkennen sie sie aber sofort.

Wir kennen Tätigkeiten, die uns sinnlos erscheinen. Man hat keine Lust dazu, muss sie aber tun. Solche Tätigkeiten gibt es immer wieder einmal. Wenn sie häufig vorkommen oder große Tätigkeitsbereiche so erscheinen, dann werden wir widerwillig und gereizt: „Ich habe es satt.", „Es hängt mir zum Hals raus.", „Ich finde es zum Kotzen." Weitere Steigerungen können Sie sich sicher selbst ausmalen. Die chronische Form ist innere Kündigung, meist mit Killerphrasen kombiniert, wie: „Das bringt doch eh alles nix mehr!", „Wer hat sich den Scheiß denn schon wieder ausgedacht?", „Das funktioniert doch sowieso nie." Das macht es in der Kommunikation mit betroffenen Mitarbeitern nicht einfacher!

Die psychische Sättigung ist eine Form der Unterforderung. Vielen ist die Zuordnung zur Unterforderung nicht gleich klar. Die Unterforderung ist die subjektiv empfundene Sinnlosigkeit. Von den Fähigkeiten her könnte ich die Tätigkeit leisten, aber ich sehe überhaupt keinen Sinn mehr darin. Die Zuordnung zur Unterforderung ist aus folgendem Grund wichtig: Wenn ich einen gesättigten Mitarbeiter weniger fordere, verschlimmert sich der Zustand.

Tätigkeiten, die psychisch sättigen, sehen so aus: Fremdbestimmtheit; Veränderungen werden „übergestülpt"; Mitarbeiter werden nicht informiert, nicht einbezogen; Entscheidungen werden nicht begründet; Mitarbeiter können nicht erkennen, wofür ihre Arbeit gut ist, welchen Sinn sie macht; sie erkennen nicht, wozu sie einen Beitrag leisten; niemand erkennt an, welchen Beitrag sie leisten.

Tätigkeiten, die psychisch sättigen

Diese Bedingungen sehe ich zunehmend häufig in größeren Betrieben. Meist sind sie von der Unternehmensseite nicht beabsichtigt und eher der Größe der Unternehmen geschuldet. Die negative Wirkung auf die Mitarbeiter entsteht trotzdem. Und wenn dann noch hinzukommt, dass der Altersdurchschnitt sehr hoch ist, fehlt den Mitarbeitern oft ein zusätzlicher Sinn: Der Sinn ihres gesamten Berufslebens. Viele Führungskräfte fragen danach, wie sie Mitarbeiter über 50 noch motivieren können. In den meisten Köpfen existiert das Bild eines Menschen, der nur noch seine Jahre bis zur Rente „absitzen" will. Langjährige Einflüsse durch Fremdbestimmung, Überstülpen, Nicht-gesehen-Werden und Sinnreduktion der Tätigkeit führen zu einer chronischen Fehlentwicklung von Mitarbeitern. Diese macht sich in späteren Berufsjahren besonders dramatisch bemerkbar. Mehr zu den verschiedenen Entwicklungsphasen eines Erwachsenen finden Sie in Abschnitt 4.3.

Wohlwollende Geduld ist gefragt

Doch auch ohne das demografische Problem: Als Führungskraft benötigen Sie bei chronischer Sättigung der Mitarbeiter sehr viel wohlwollende Geduld. Chronisch gesättigte Mitarbeiter brauchen aus meiner Erfahrung eine Anlaufphase von mindestens einem halben Jahr. Erst dann können sie wieder ein wenig darauf hoffen, dass es doch ein kleines bisschen besser werden könnte. Vorher kann man sie verständlicherweise kaum noch zu etwas motivieren. Das kann so weit gehen, dass sie selbst nach negativen Mitarbeiterbefragungen zu keinem Beitrag mehr bereit sind. Oft lehnen sie Workshops oder andere Maßnahmen ab, bei denen ihr Handeln gefragt ist. Und deshalb sollten Sie in diesen Fällen als Führungskraft tolerieren, in Vorleistung gehen zu müssen.

Sinngebung gegen Sättigung!

Präventiv gilt: Mitarbeiter informieren, Sinn und Zweck erklären, Entscheidungen ehrlich begründen, authentisch bleiben, Erfahrungen und Leistungen wertschätzen, ihren Beitrag zum Ganzen sehen und anerkennen, nach Erfahrungen fragen und sie nutzbar machen, Verbesserungsvorschläge ernst nehmen, bei Veränderungen beteiligen. Eine gute Hilfe gegen psychische Sättigung sind besonders Ressourcen aus dem Bereich der „SelbstBestimmung" (Kraftrad, Abschnitt 1.4.1).

2.4 Stress

Von Stress haben wirklich die meisten schon gehört. Ich fasse hier das Wichtigste zusammen.

Stress empfinden wir, wenn zu viel auf einmal, zu Schwieriges oder Kompliziertes von uns gefordert wird. Wir fühlen uns überfordert und ängstlich besorgt. Im Stress verhalten wir uns viel „dümmer" und langsamer als wir sein könnten. Erst im Nachhinein fallen uns die bessere Reaktion oder Lösung ein.

Wenn wir uns „dumm anstellen", schämen wir uns und machen uns Selbstvorwürfe. Unser Hirn speichert dann alle Zeichen, die auf eine gleichartige Situation hinweisen, als Alarmsignal ab. Wenn wir bewusst oder unbewusst diese Signale wahrnehmen, geraten wir in Stress.

Der Stressmechanismus sieht so aus:

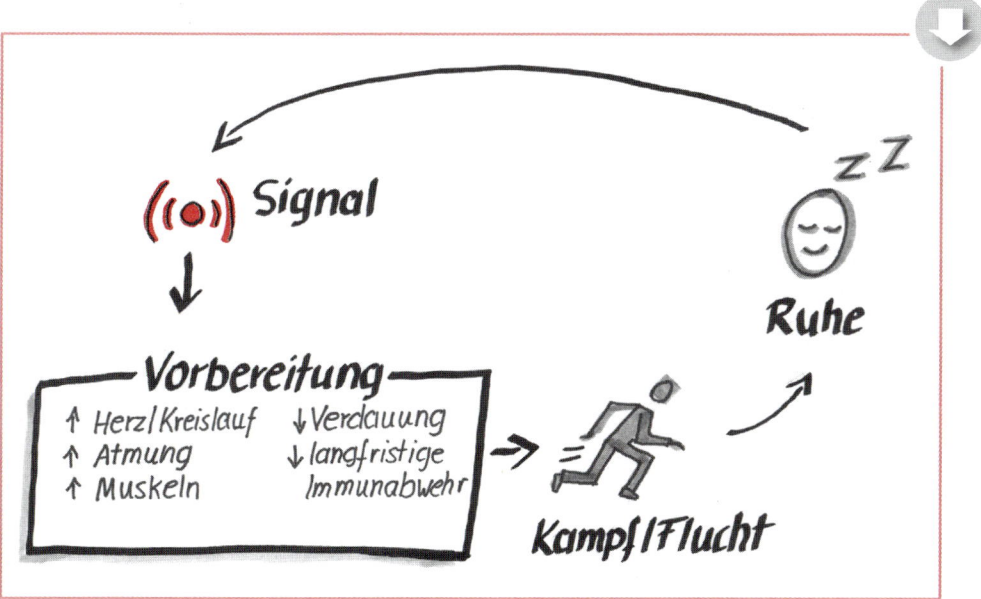

Abbildung 13:
Stressmechanismus in Anlehnung an Cannon 1915, Selye 1936, Lazarus 1974 und Gray 1988

Was wir als Alarmsignal abspeichern, hängt von unserer Erfahrung ab. Bei dem einen ist es der Anruf vom Chef. Bei einem anderen schrillen die Alarmglocken, wenn ihm jemand beim Arbeiten über die Schulter schaut. Keine lebensbedrohenden Ereignisse, dennoch verhält sich unser Körper so, als müssten wir um unser Leben rennen oder kämpfen. Was muss unser Körper tun, um uns auf Kampf oder Flucht vorzubereiten? Er fährt Herz und Kreislauf hoch. Die Atmung wird schneller und flacher. Die Muskelanspannung steigt. Die Verdauung wird eingestellt (siehe Abschnitt 1.1). Die langfristige Immunabwehr wird reduziert. Das logische Denken wird abgestellt. Nachdenken und Überlegen würden viel zu viel Zeit kosten. Schnelles Reagieren und Handeln ist gefordert. Hormone wie Adrenalin und Cortisol spielen hierbei eine entscheidende Rolle. In der Stressreaktion wird dem Körper mehr Energie zur Verfügung gestellt als sonst.

Lebensbedrohung rechtfertigt für ihn den Rückgriff auf die Energie-Notreserve. Das macht uns schneller, kräftiger, schmerzunempfindlicher und risikotoleranter, als wir normalerweise sind. Dann rennen oder kämpfen wir um unser Leben, und die bereitgestellte Energie wird wieder abgebaut. Wenn wir dann wieder an einem sicheren Ort sind, tritt die Entspannungsphase ein. In der Ruhe finden wir erholsamen Schlaf. Genau in dieser ruhigen Zeit speichert unser Hirn das als erfolgreich ab, was wir vorher getan haben. Beim nächsten Signal in dieser Richtung wissen wir dann, dass wir es schaffen können. Die Stressreaktion fällt weniger ausgeprägt aus.

Wie kann die Stressenergie abgebaut werden? Sie fragen sich vielleicht: Wann kann ich im Arbeitsalltag meine Stressenergie durch Rennen oder Kämpfen abbauen? Genau! Das ist ein Teil des Problems. Bei vielen entsteht über den Arbeitstag sogar ein Treppeneffekt. Sie kommen in eine Stressreaktion und können diese nur wenig abbauen, bis sie in den nächsten Stress geraten. Diesen können sie wieder zu wenig abbauen. Und der Ausgangslevel steigt über den Tag jedes Mal weiter an. Im chronischen Stress geht der Körper dauerhaft an seine Notreserve und stellt dauerhaft Energie für körperliche Hochleistung zur Verfügung. Die Folgen sind vor allem Bluthochdruck, Herz- Kreislauf-Beschwerden, Schlafstörungen, Verdauungsbeschwerden, Rückenschmerzen, Kopfschmerzen, Verspannungen.

Wie sorge ich für Entspannung? Der zweite problematischen Aspekt ist: Wir kommen nicht zur Ruhe und unsere Psyche kann keine Bewältigungsmechanismen abspeichern. Denn so, wie sich beim Sport die Muskeln in der Ruhephase aufbauen, baut sich die psychische Stärke ebenfalls in der Ruhephase auf. Stressoren werden durch das Fehlen von abgespeicherten Bewältigungsstrategien stetig bedrohlicher. Die Spätfolgen können Angststörungen und Depressionen sein.

Die betriebliche Gesundheitsförderung setzt genau an diesen beiden Hebeln an: Bewegung und Entspannung. 30 Minuten körperliche Anstrengung am Tag können Depressionen verhindern. Sieben von acht Herzinfarkten wären vermeidbar (INQA 2008). Es gibt noch einen dritten Hebel, an dem man ansetzen kann: am Alarmsignal selbst. Die Bedrohlichkeit des Signals selbst kann zum Beispiel durch Training oder Coaching reduziert werden.

Gegen Stress: Kleinere Schritte machen!

Stress können wir im Leben nicht vermeiden. Er sollte in seiner negativen Form nur nicht chronisch werden. Präventiv kann man gegen Stress Folgendes tun: Mitarbeiter durch Training, Hospitation und Simulation auf schwierige Situationen vorbereiten. Überfordernde Ziele in so viele kleinere Unterziele wie möglich zerlegen und die kleinen Erfolge feiern. Soziale Unterstützung und Rückendeckung geben. Gerade Ressourcen aus dem Bereich der „sozialen Unterstützung" (Kraftrad, Abschnitt 1.4.1) verhindern Stress und seine Folgen sehr wirksam.

Hier noch eine Übersicht zu den wichtigsten Maßnahmen, um diese vier Fehlbeanspruchungsfolgen zu verhindern:

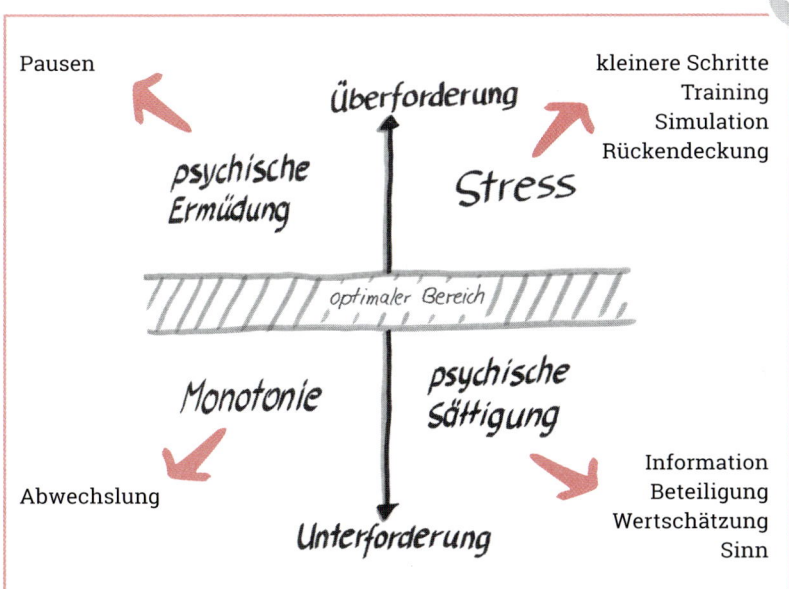

Abbildung 14:
Schnellübersicht
Präventivmaßnahmen
(in Anlehnung an
Debitz et al., 2012)

2.5 Burnout

Ich stehe oft vor der Frage: Ist Burnout überhaupt eine Krankheit oder nur eine Modeerscheinung? In einer Sendung von „Leschs Kosmos" zu Burnout (YouTube) wird diese Frage sehr gut aufgearbeitet. Dort wird das Phänomen beschrieben, dass sogar Tiere „ausbrennen" können. In diesem Kapitel erhalten Sie einen Überblick über die Risikofaktoren von Burnout und über verschiedene Phasenmodelle des Burnout-Verlaufs. Den Begriff Burnout prägte Herbert Freudenberger in den 1970er-Jahren. Er beschrieb rückwirkend die Entwicklung von Burnout und begann mit den allerersten Anzeichen. Diese zu kennen, trägt zur Sensibilisierung und Früherkennung bei. Welche Gegenmaßnahmen in welchen Phasen greifen, sind am Ende dieses Abschnitts zusammengefasst.

Burnout ist keine Modeerscheinung

Burnout beschreibt den Weg, auf dem jemand zu einer Erkrankung, meistens einer schweren Depression, kommt. Diese Zusatzinformation wird verschlüsselt. Dieser Schlüssel befindet sich auf der Krankmeldung für die Krankenkasse. Wenn der Schlüssel mit F-... anfängt, dann handelt es sich um eine psychische Störung. Burnout wird mit Z73.0 verschlüsselt. Z wie Zusatzschlüssel oder ein „Faktor, der den Gesundheitszustand beeinflusst und zur Inanspruchnahme von Gesundheitsdiensten führt" (ICD-10 Kapitel XXI).

Häufigste Diagnosen mit dem Zusatz Burnout

Zu den Top 10 der Einzeldiagnosen mit Zusatzinformation Burnout gehören: Depressive Episoden, neurotische Störungen, Rückenschmerzen, Schlafstörungen und Bluthochdruck (Badura et al., 2011). Burnout hat sich umgangssprachlich als Oberbegriff für alle psychischen Erkrankungen etabliert. Außerdem ist der Begriff Burnout gesellschaftsfähiger als die Namen der psychischen Störungen. Wer kann zum Beispiel schon etwas mit den Bezeichnungen „somatoforme Störung" oder „Störungen durch psychotrope Substanzen" anfangen? Diese beiden Erkrankungen gehören zu den häufigsten psychischen Störungen (mehr dazu in Abschnitt 2.6).

Für die Entwicklung von Burnout müssen persönliche und arbeitsbedingte Risikofaktoren zusammenwirken (siehe Abbildung 15). Diese Risikofaktoren könnten schon zur Früherkennung dienen.

Wer ist gefährdet?

Gefährdete Personen sind sehr ehrgeizig und haben einen hohen Leistungsanspruch an sich und andere. Besonders auffällig kann die hohe Identifikation mit dem Job sein. Diese führt dazu, dass der Betroffene sich „mit Haut und Haaren" in den Job einbringt. Ausgeprägter Perfektionismus, Arbeit an sich reißen und es allen recht machen wol-

Person	Arbeit
➤ Ist sehr ehrgeizig ➤ Hat hohen Leistungs- anspruch ➤ Ist in die Arbeit sehr involviert ➤ Identifiziert sich stark mit dem Job ➤ Handelt perfektionistisch ➤ Reißt Arbeit an sich ➤ Will es allen recht machen	➤ Hohe Leistungs- anforderung ➤ Hohe Arbeitsbelastung ➤ Rollenüberlastung ➤ Rollenkonflikte ➤ Fehlende Rückmeldung bezogen auf Wertschät- zung und Abgrenzung ➤ Emotionale Belastung

Abbildung 15: Burnout-Faktoren nach Cordes und Dougherty, 1993 aus Weinert

len, sind zusätzlich Anzeichen. Viele können die eigenen Grenzen nicht akzeptieren und haben eher eine idealistische Sicht auf die Dinge. Das sind Persönlichkeitseigenschaften, die sich jeder Chef bei seinen Mitarbeitern wünscht. Burnout trifft daher eher Leistungsträger.

Aber nicht jeder Leistungsträger ist von Burnout betroffen. Es kommt auf das Zusammenspiel zwischen Persönlichkeit und Arbeitsbedingungen an. Wenn die persönlichen Eigenschaften ausgeprägter sind, reicht oft ein geringeres Risiko durch die Arbeit. Wenn die Arbeit die genannten Faktoren in hohem Maß erfüllt, trifft es auch Personen mit geringer ausgeprägten Eigenschaften.

Risikoreiche Arbeitsbedingungen

Risikoreiche Arbeitsbedingungen sind: hohe Anforderungen, was Leistung und Belastbarkeit betrifft. Mehrere Rollen und Funktionen einzelner Mitarbeiter sind erwünscht, wenn nicht sogar ausdrücklich gefordert. Zur eigentlichen Aufgabe kommen noch andere Verantwortungsbereiche hinzu. Dadurch geraten die Mitarbeiter sozial und zeitlich in Konflikte, wenn sie den Anforderungen ihrer verschiedenen Rollen gerecht werden wollen. Eine zusätzliche Gefahr besteht ganz besonders dann, wenn Rückmeldungen fehlen. Dann ist keine Wertschätzung und echte Anerkennung, aber auch keine Abgrenzung vorhanden. Niemand ist da, der sagt, wann es genug ist oder wann sich der Mitarbeiter raushalten soll. Wenn weder der Mitarbeiter noch das Unternehmen die Grenzen der Leistungsfähigkeit beachten, dann tut es eben der Körper: physisch oder psychisch! Ein ganz besonderer Risikofaktor ist die emotionale Belastung. Emotionale Belastung meint, dass der Mitarbeiter durch Situationen belastet wird, die starke Emotionen hervorrufen. Das sind Situationen, in denen Mitarbeiter menschliche Schicksale miterleben müssen. Zum Beispiel bei Feuerwehr, Notärzten, Psychiatern. Aber auch in der Kundenbetreuung und Reklamationsannahme, wo es um Ärger, Wut oder Trauer von anderen geht. Bei Instandhaltern waren zum Beispiel nicht der Zeitdruck und das Unberechenbare ihrer Tätigkeit das Schlimmste, sondern die emotionale Belastung durch das Drängeln und Nörgeln von Kollegen und Führungskräften an ihren Einsatzorten.

Phasen des Burnout

Burnout ist ein Prozess, der sich in Phasen entwickelt. Vier deutliche Phasen sind zu unterscheiden (Maslach und Jackson, 1984, nach Weinert):

- Der Mitarbeiter ist sehr in die Arbeit involviert.
- Seine Arbeit scheint zu stagnieren.
- Er distanziert sich und zieht sich von der Arbeit zurück.
- Psychische Symptome werden erkennbar.

**Phasen:
Link in der
Umschlagklappe**

Freudenberger und North beschreiben 1992 zwölf Stadien dieser Entwicklung. Viele Führungskräfte konnten sich diese Entwicklung gut vorstellen und erkennen, in welchen der zwölf Stadien sich betroffene Mitarbeiter oder sie sich selbst befanden. Aus der Zuordnung zu den einzelnen Stadien lassen sich Gegenmaßnahmen ableiten.

Stadium 1: Zwang, sich zu beweisen

Mitarbeiter mit persönlichen Risikofaktoren kommen in ein entsprechendes Arbeitsumfeld: Beförderung, neue Stelle, angestrebter Traum-

Abbildung 16: Burnout-Stadien nach Freudenberger und North, 1992

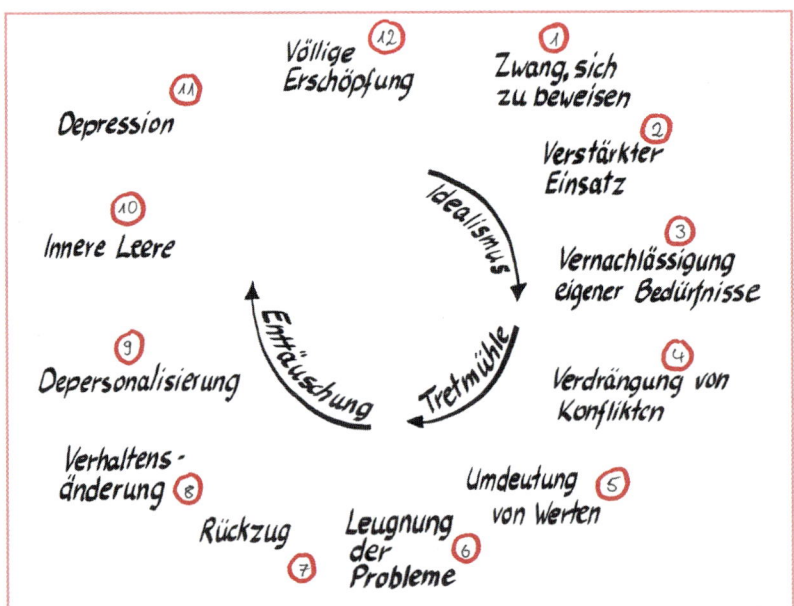

job. Es geht für sie um alles. Deshalb benutzt Freudenberger in diesem Stadium bewusst das Wort Zwang. Sie fühlen sich gezwungen, alles zu geben. Ihr Idealismus kennt keine Grenzen.

Stadium 2: Verstärkter Einsatz

Ein typisches Missverständnis zur menschlichen Leistungsfähigkeit trägt zur Burnout-Entstehung bei: Führungskräfte beobachten, dass ein Team in Spitzenzeiten die Arbeit abfängt, ohne dauerhaft in Rückstände zu kommen oder Überstunden aufzubauen. Daraus schließen sie, dass da noch Luft für dauerhaft mehr Arbeit ist. Dass das Team in Spitzenzeiten an seine Grenzen geht und dieses Niveau nicht dauerhaft durchhalten kann, wird ignoriert – oft auch von den Teammitgliedern selbst. Das führt zu zunehmender Anstrengung. Die Arbeit verdichtet sich. Ein weiterer Effekt kommt dazu: Wer verstärkten Einsatz zeigt, wird von immer mehr Kollegen angesprochen. Dadurch fühlt sich der Mitarbeiter eher bestätigt als belastet. Der verstärkte Einsatz führt zu mehr Arbeit mit der Erwartung gleich hoher oder steigender Qualität.

Stadium 3: Vernachlässigung eigener Bedürfnisse

Um dieses Niveau auf Dauer zu halten, nimmt der Mitarbeiter Arbeit mit nach Hause und arbeitet auch in den Pausen. Er berechnet, wie viele Stunden Schlaf er sich nachts erlauben kann, und reduziert sie weiter. Nahrungsaufnahme wird zur Zeitverschwendung und so schnell und sättigend wie möglich erledigt. Nahrungsaufnahme, Schlaf und geistiges Abschalten kommen zu kurz. Grundbedürfnisse, die vernachlässigt werden! Und das meist aus Idealismus, voller Visionen. Spätestens ab diesem Stadium droht die chronische psychische Ermüdung. Diese setzt auch ein, wenn uns die Arbeit Spaß macht. Der Gedanke an Aufputschmittel kommt ins Spiel (siehe Abschnitt 2.1).

Gefahr der chronischen psychischen Ermüdung

Stadium 4: Verdrängung von Konflikten

Der Körper meldet sich bereits und es wird merklich schwieriger, das ansteigende Arbeitspensum weiter zu meistern. Konflikte, die nun häufiger auftreten, werden einfach verdrängt. Mit der Einstellung „Da muss man halt durch!" geht es weiter. Langsam fühlt sich Arbeit wie eine Tretmühle an. Innerlich fragt sich die Person vielleicht schon, wofür sie das alles macht.

Stadium 5: Umdeutung von Werten

Die Antwort heißt: „Ich tue mir das an, weil Leistung und Arbeit über allem stehen!" Das ist eine sehr gefährliche innere Veränderung. Der Mitarbeiter hat nur noch ein Standbein, über das er seinen Wert definieren kann: Leistung! Gegenüber der Familie rechtfertigt er sich: „Das tue ich doch auch für euch!"

Stadium 6: Leugnung der Probleme

Der Körper schickt stärkere Signale: Kopfschmerzen, Schlafstörungen, Kreislaufbeschwerden. Doch die Person leugnet einfach alle Probleme, sich und den anderen gegenüber. Innerlich kommen beängstigende Zweifel, ob er das wirklich auf Dauer durchhalten kann. Ängstliche Sorgen werden stärker. Viele greifen hier zu Entspannungsmitteln wie Alkohol oder Tabletten. Auch gegen die anderen körperlichen Signale werden Mittel eingesetzt: Kopfschmerztabletten, Mittel gegen Sodbrennen und Magenbeschwerden. Der Körper macht alle Alarmlampen an und der Mitarbeiter klebt ein Pflaster drüber, damit sie ihn nicht mehr nerven können. Spätestens ab Stadium 6 befindet er sich im chronischen Stress (siehe Abschnitt 2.4).

Stadium 7: Rückzug

Der anfängliche Idealismus ist weg, die Tretmühle kostet immer mehr Kraft. Enttäuschung setzt ein. Der Leistungsrückgang ist nicht mehr zu verleugnen: Fehler treten zutage, Kollegen beschweren sich über Zeitverzögerungen. Der einzige Ausweg scheint der Rückzug zu sein. Tür zu, Handy aus, Abwesenheitsassistent rein, keine Termine mehr. Eine Führungskraft berichtete, dass sie in dieser Phase unterirdische Versorgungsgänge in der Firma benutzte, um niemandem mehr zu begegnen.

Stadium 8: Verhaltensänderung

Die Enttäuschung über sich selbst und der wachsende Druck von Kollegen und Familie lassen den Betroffenen zunehmend gereizt reagieren. Der Widerwille gegen die Arbeit wird stärker und die Frage nach dem Sinn von allem erscheint. Der Betroffene tendiert zu Kurzschlussreaktionen. Diese Verhaltensänderungen können andere von außen beobachten: Wutausbrüche mit Beschimpfungen von Kollegen, Kunden und Führungskräften. Weinkrämpfe. Eine Klientin beschrieb dazu Folgendes: Sie hatte eine Außendienst-Tätigkeit in der technischen Kundenbetreuung. Musste zu Kunden fahren und beraten oder Bestellungen und Reklamationen aufnehmen. Dazu war sie viel unterwegs, im Zeitdruck, im Stau und die geforderte Kundenzahl stieg weiter an. Die einzige Ressource, die sie für sich noch sah, war, dass sie fast frei planen konnte. Dann stellte der Betrieb auf zentrale Disposition um. Das hieß für sie: fremdbestimmte Planung, viel zu knapp. Irgendwann war sie wieder im Berufsverkehr in einer Großstadt unterwegs. Sie war viel zu spät und mehrfach von Kunden beschimpft worden. Als Linksabbiegerin auf einer großen Kreuzung kam sie einfach nicht von der Kreuzungsmitte. Wütendes Hupen, Gedrängel. Plötzlich konnte sie nicht mehr. Ihr war alles egal. Sie schnallte sich ab, stieg aus dem Auto und ging weg. Die Polizei kam zu dem verlassenen Wagen, der mit laufendem Motor blinkend auf der Kreuzung stand. Die Polizei verständigte den

Arbeitgeber, auf den der Wagen zugelassen war. Sie fanden die Frau schließlich in einer angrenzenden Parkanlage völlig apathisch auf einer Parkbank sitzend. Andere schildern, dass sie ihrem Chef einfach alles vor die Füße warfen und gegangen sind. Der Widerwille ist so stark, dass einem die Folgen des Handelns vollkommen egal werden. Man nimmt ansteckende Krankheiten in Kauf oder fährt übermüdet viel zu schnell. Wenn doch nur irgendetwas passieren würde und man nicht mehr zur Arbeit müsste! Dieses Verhalten gleicht der chronischen psychischen Sättigung (siehe Abschnitt 2.3).

Widerwille bei chronischer psychischer Sättigung

Stadium 9: Depersonalisierung

In diesem Stadium kann sich der Betroffene selbst als Person nicht mehr richtig wahrnehmen. Er hat das Gefühl, nur noch wie eine leblose Hülle zu funktionieren. Die Einstellung zu Kunden und Kollegen wird zunehmend negativ. Die einstigen Moralvorstellungen werden lächerlich gemacht (Zynismus) und beißender Hohn und Spott (Sarkasmus) machen sich breit.

Stadium 10: Innere Leere

Jede Emotion ist verschwunden. Was einmal Spaß gemacht hat, wird belanglos. Liebe und Zuneigung sind nur noch leere Worte. Wenn der Lebenspartner fragen würde „Liebst du mich noch?", wäre die ehrliche Antwort „Ich weiß es nicht". Das geht meist über die Grenzen von Liebesbeziehungen. Man fühlt nichts mehr und ist in Anwesenheit von Menschen, die einem nahe stehen, einsam.

Stadium 11: Depression

Niedergeschlagenheit, Minderwertigkeitsgefühle, Schuldgefühle und Antriebslosigkeit sind die Hauptmerkmale der Depression. Je nach Dauer und Intensität werden verschiedene Schweregrade unterschieden. Die große Gefahr bei Depression ist die Suizidgefährdung.

Stadium 12: Völlige Erschöpfung

Eine Führungskraft aus dem Justizvollzug mit überdurchschnittlicher Durchsetzungsfähigkeit und Willensstärke schilderte diesen Zustand so: „Ich wurde morgens wach, dachte ‚Scheiße, schon wieder hell'. Ich brauchte alle Kraft, um mich im Bett aufzusetzen. Starrte die Wand an. Saß so bis es wieder dunkel wurde, legte mich hin und hoffte, dass es doch für immer dunkel bleiben möge. Und am nächsten Tag das Gleiche."

Der deutsche Psychologe Matthias Burisch formulierte 1994 ein Burn-out-Modell mit sieben Stadien:

- ▶ Warnsymptome in der Anfangsphase
- ▶ Reduziertes Engagement
- ▶ Emotionale Reaktionen
- ▶ Abbau der Leistungsfähigkeit
- ▶ Verflachung des Lebens
- ▶ Psychosomatische Reaktionen
- ▶ Verzweiflung

Überlassen Sie die Diagnostik den Ärzten und Psychologen.

Bitte überlassen Sie die Diagnostik den Ärzten und Psychologen. Vor allem Schilddrüsenfehlfunktionen und andere Diagnosen können ein ähnliches Erscheinungsbild haben. Erschöpfungssymptome sind viel zu unspezifisch. Zur Sensibilisierung erhalten Sie aber eine Aufzählung von Erschöpfungszeichen:

Erschöpfung des Denkens

- ▶ Konzentrationsschwäche
- ▶ Gedanken schweifen ab
- ▶ Gedächtnisschwäche
- ▶ Entscheidungen fallen schwer
- ▶ Denkaufgaben dauern zu lange
- ▶ Neues lernen oder Umlernen ist zu anstrengend

Erschöpfung des Fühlens

- ▶ Resignation
- ▶ Arbeitswiderwille
- ▶ Enttäuschung
- ▶ Ungeduld
- ▶ Reizbarkeit
- ▶ Gefühlsausbrüche
- ▶ Weinen
- ▶ Entmutigung
- ▶ Zynismus
- ▶ Sarkasmus
- ▶ Misstrauen
- ▶ Angst
- ▶ Panik
- ▶ Sinnlosigkeit

Erschöpfung des Handelns

- ▶ Rückzug, Isolation
- ▶ Verschiebung von Terminen
- ▶ Längere Pausen
- ▶ Passiver Konsum von TV, PC
- ▶ Fehlzeiten
- ▶ Vergessen von Pflichten
- ▶ Keine Freizeitaktivtäten
- ▶ Kopf in den Sand stecken
- ▶ Post einfach nicht mehr öffnen
- ▶ Vermeiden von Konflikten

Erschöpfung des Körpers

- ▶ Schlafstörungen
- ▶ Müdigkeit
- ▶ Kopfschmerzen
- ▶ Verspannungen
- ▶ Infektanfälligkeit
- ▶ Erhöhter Blutdruck
- ▶ Essveränderungen
- ▶ Herz-Kreislauf-Beschwerden
- ▶ Magen-Darm-Beschwerden
- ▶ Sexuelle Probleme
- ▶ Atembeschwerden

Gegenmaßnahmen

Schauen Sie noch einmal auf die 12 Burnout-Stadien (ab Seite 38). In den ersten drei Stadien (Zwang sich zu beweisen, Verstärkter Einsatz, Vernachlässigung eigener Bedürfnisse) reagiert in den meisten Unternehmen noch niemand. Sie könnten schon gegensteuern, und das noch mit sehr wenig Aufwand. Es geht darum, die Belastungsgrenzen der Mitarbeiter zu beachten: „Ich müsste als Führungskraft Vorbild sein. Gesundheit und Wohlbefinden auf der Arbeit müssten mir wirklich wichtig sein. Ich würde keine dauerhafte Überlastung fordern und sie auch dann nicht zulassen, wenn der Mitarbeiter das wollte." Die Umsetzung hängt natürlich stark von der Unternehmenskultur ab.

Stimmt die Unternehmenskultur?

Die nächsten drei Stadien (Verdrängung von Konflikten, Umdeutung von Werten, Leugnung der Probleme) machen ein Gegensteuern schon schwieriger. Sie haben einen Mitarbeiter in chronischer Ermüdung und Stress, der das abstreitet, um sich zu schützen. Nun wäre ein gesundheitsorientiertes Training oder Coaching das Beste für den Mitarbeiter. Aber es könnte schwer sein, ihn davon zu überzeugen. Alleine kommen die meisten aus diesen Stadien nicht mehr heraus. Holen Sie sich in dieser Phase den Rat von Gesundheitsdiensten und Personalentwicklung.

Gesundheitsorientierte Maßnahmen

In den folgenden drei Stadien (Rückzug, Verhaltensänderung, Depersonalisierung) wird Heilbehandlung und Therapie notwendig. Der Mitarbeiter ist frustriert, enttäuscht, wütend, destruktiv und widerwillig. Er befindet sich in der Phase der Sinnlosigkeit mit Wutausbrüchen und Weinkrämpfen. Alles, was Sie zu ändern versuchen, wird er als Beweis seines Versagens interpretieren. Ziehen Sie spätestens jetzt den Arbeitsmediziner hinzu.

Therapie, Heilbehandlung

Ab Stadium 10 (Innere Leere, Depression, völlige Erschöpfung) hilft meist nur noch eine stationäre Behandlung. Und dann ist Ihr Mitarbeiter mindestens sechs Monate, eher länger, arbeitsunfähig und Sie müssen mit einer stufenweisen Wiedereingliederung rechnen.

Stationäre Behandlung

Mehr zur Gesprächsführung bei Burnout-Gefährdung finden Sie in Abschnitt 3.3.1.

2.6 Psychische Störungen

Psychische Störungen sind weiter verbreitet, als die meisten von uns denken. Führungskräfte werden früher oder später auf Mitarbeiter treffen, die unter einer psychischen Störung leiden. Deshalb ist ein grundlegendes Hintergrundwissen dazu sehr hilfreich. Hierzu erhalten Sie nun zuerst Informationen zur Verbreitung psychischer Störungen. Danach gebe ich Ihnen einige Beispiele zu Symptomen und Symptomkomplexen (Syndrome). Diese erleichtern es, den dann folgenden, groben Überblick über psychische Störungen zu verstehen. Am Ende des Abschnitts beschreibe ich kurz, wie und von wem psychische Störungen behandelt werden.

Verbreitung   Nach der Studie zur Gesundheit Erwachsener in Deutschland (DEGS 2012) ist jeder dritte Erwachsene in Deutschland über einen Zeitraum von einem Jahr von einer psychischen Störung betroffen. Sie können davon ausgehen, dass 30 Prozent Ihrer Mitarbeiter in einem Jahr psychisch krank werden. Von diesen Erkrankten leidet ein Drittel vorübergehend unter einer psychischen Störung. Ein Drittel von ihnen leidet unter andauernden psychischen Störungen, die in wechselnden Schweregraden auftreten. Und noch ein Drittel ist von chronischen psychischen Störungen über Jahre hinweg betroffen. Sie werden es demnach in Ihrer Führungstätigkeit mit unterschiedlichen Ausprägungen von psychischen Störungen zu tun haben. Die meisten psychischen Störungen sind heilbar! Dennoch werden knapp 60 Prozent der psychisch Kranken nicht entsprechend behandelt.

Am häufigsten treten bei Erwachsenen in einem Jahr folgende psychische Störungen auf:

- Angststörungen mit 16,2 %
- Alkoholstörungen mit 11,2 %
- Unipolare Depressionen mit 8,2 %
- Zwangsstörungen mit 3,8 %
- Somatoforme Störungen mit 3,3 %
- Bipolare Störungen (depressive und manische Phasen) mit 2,8 %
- Psychotische Störungen mit 2,4 %
- Posttraumatische Störungen mit 2,4 %
- Medikamentenmissbrauch/-abhängigkeit mit 1,5 %
- Körperlich bedingte psychische Störungen mit 0,9 %
- Anorexia nervosa (Magersucht) mit 0,7 %

Rund 20 Prozent der Erkrankten leiden nur unter *einer* psychischen Störung. Die meisten leiden unter mehreren psychischen Erkrankungen gleichzeitig. Die meisten dieser Störungen entstehen, ohne dass Burn-out-Stadien durchlaufen werden.

In der Diagnostik von psychischen Störungen geht es um folgende Ebenen: Symptom, Syndrom, Störung. Symptome sind psychische Veränderungen, die vorübergehend vorkommen können und sehr unspezifisch sind. Syndrome sind typische Zusammenschlüsse von Symptomen. Syndrome weisen spezifischer auf bestimmte Störungen hin. In der Medizin spricht man von einer *Krankheit*, wenn Ursache, Symptomatik, Verlauf, Prognose und Therapie bekannt und vereinheitlicht sind (Paulitsch, 2009). Da das nicht auf alle psychischen Diagnosen zutrifft, wurden sie psychische *Störungen* genannt. Das heißt einige psychische Störungen sind der Syndrom-Ebene und andere dem medizinischen Krankheitsbegriff näher.

Symptome und Syndrome

Abbildung 17: Beispiele für psychische Symptome (aus Paulitsch, 2009 und Brunnhuber et al., 2000)

Denken	Fühlen	Handeln
Benommenheit Delirium	Gefühlstaubheit, Hoffnungslosigkeit	Antriebsminderung, Antriebshemmung
Aufmerksamkeits- und Konzentrationsstörungen	Schuldgefühle, Minderwertigkeitsgefühl	Antriebssteigerung
Gedächtnisstörungen, Amnesien	Innere Unruhe, innere Zerrissenheit	Extreme Wortkargheit (Mutismus)
Orientierungsstörungen (Zeit, Situation, Ort, eigene Person)	Ängstlichkeit, Euphorie, Gereiztheit	Rededrang (Logorrhoe)
Gedankenkreisen, Grübeln, Zwangsgedanken	Ausdruck und Gefühl passen nicht zueinander	Motorische Unruhe, Tics, Zwangshandlungen
Ideenflucht, Denksperre, zusammenhangloses Denken	Gefühle treten ungesteuert, unpassend, unkontrolliert auf	Sich wiederholende, immer gleiche Bewegungen (Stereotypien)
Wahn: Verfolgungswahn, Größenwahn, Eifersuchtswahn, ...	Gefühle wechseln rasch oder bleiben starr	Völlige Regungslosigkeit (Stupor)
Halluzinationen, Sinnestäuschungen	Panikattacken	Selbstschädigung
Depersonalisation (sich selbst fremd sein)	Hypochondrische Befürchtungen	Sozialer Rückzug, Impulshandlungen, aggressive Handlungen
Derealisation (sich der Umwelt entfremden)		Distanzlosigkeit, Anklammern

Auf körperlicher Ebene sind noch folgende Symptome psychisch relevant: Schlafstörungen, Appetitstörungen, Libidoveränderungen, Magen- und Darm-Beschwerden, Herz-Kreislauf-Beschwerden. Diese gehen auf Störungen im autonomen vegetativen Nervensystem zurück (autonome Regulation, Abschnitt 1.1). Krankheitseinsicht und die Gefahr von Selbst- oder Fremdgefährdung spielen eine besondere Rolle bei der Einordnung der Symptome.

Abbildung 18:
Beispiele für psychische
Syndrome (in Anleh-
nung an Paulitsch,
2009)

Aus typischen Symptomkonstellationen ergeben sich zehn Syndrome, die das Grundgerüst der Diagnostik darstellen. Davon fünf Beispiele:

Syndrom	Typische Symptome
Depressives Syndrom	Freudlosigkeit, Schwermut, Weinen, Pessimismus, Verzweiflung, Schuldgefühle, Versagensgefühle, reduzierte gefühlsmäßige Ansprechbarkeit, Verlangsamung, Wortkargheit, Regungslosigkeit, aber auch Hektik und innere Unruhe, Grübeln, Gedankenkreisen, Schlafstörungen, Appetitverlust, Suizidgefährdung, sozialer Rückzug
Manisches Syndrom	Euphorie, Gefühl von Kraft und Schwung, Selbstüberschätzung, Antriebssteigerung, Erregung, beschleunigtes Denken, Rededrang, Größenwahn, Distanzlosigkeit, soziale Umtriebigkeit, sexuelle Enthemmung, Schlafverkürzung, fehlendes Krankheitsgefühl
Angstsyndrom	Befürchtungen, Sorgen, Ängste, Panikattacken, Spannungen, Erregung, motorische Unruhe, Schwindel, Zittern, Schwitzen, Herzklopfen, Vermeidungsverhalten
Zwangssyndrom	Depressive, ängstliche Grundstimmung, umständliches Denken, Grübeln, Antriebshemmung, langsame, kontrollierte Bewegungen, Zwangsgedanken, Zwangshandlungen, umständliches Verhalten
Psychotisches Syndrom	Wechselnder Antrieb, Starrheit, Wortkargheit, Regungslosigkeit, Sprechen und Denken zeigen keinen logischen Zusammenhang mehr, der Satzbau ist gestört, Wortsalat, unverständliche Wortneubildungen, Wahn und Halluzinationen, Selbstentfremdung, Realitätsverlust, fehlende Krankheitseinsicht, Selbstgefährdung

2.6.1 Der Diagnoseschlüssel

Anhand dieser Syndrome kann der Diagnostiker sich der endgültigen Diagnose nähern. Diese Diagnosen sind dann auf der Krankmeldung verschlüsselt. Der Diagnoseschlüssel richtet sich nach der Internationalen Klassifikation der WHO (ICD-10). Kapitel V der ICD-10 klassifiziert die psychischen Störungen. Diese Schlüssel beginnen alle mit dem Buchstaben „F". Mit den Ziffern danach wird die klinische Störung bis zum Schweregrad hin beschrieben.

Psychische Störungen werden in folgende Hauptkategorien eingeteilt:

F0 – Organische psychische Störungen

Zum Beispiel Alzheimer-Demenz, Psychosyndrom nach Schädelhirntrauma.

F1 – Störungen durch psychotrope Substanzen

Zum Beispiel Alkoholismus. Unterschiedliche Schweregrade sind:

- akute Vergiftung
- schädlicher Gebrauch
- Abhängigkeitssyndrom
- Entzugssyndrom
- Entzugssyndrom mit Delirium
- psychotische Störung
- amnestisches Syndrom
- Restzustände, die in substanzbedingten psychotischen Störungen enden

F2 – Schizophrenie

Unter Schizophrenie verstehen die meisten „gespaltene Persönlichkeit". Das wäre aber die „Multiple Persönlichkeitsstörung", die zu einer anderen Kategorie gehört. Schizophrenie kann am besten über das psychotische Syndrom (siehe oben) beschrieben werden. Schizophrenie ist eine schwere Denk- und Wahrnehmungsstörung, die den Krankheitsbegriff der Medizin weitestgehend erfüllt. Die Patienten sind in einer wahnhaften Stimmung, die Unheil ankündigt. Der Ausbruch dieser Erkrankung bei Familienmitgliedern kann sehr beängstigend und verstörend sein. Deshalb brauchen Angehörige dieser Patienten Unterstützung, zum Beispiel in Selbsthilfegruppen.

F3 – Affektive Störungen

Zum Beispiel Depression, Manie, Bipolare Störung (manisch-depressiv).

F4 – Angststörungen

Zum Beispiel Agoraphobie, Sozialphobie, Panikstörung, generalisierte Angststörung. Unter diese Kategorie fallen auch Zwangsstörungen, Belastungsstörungen nach Psychotrauma, Konversionsstörungen (Verlust von unmittelbaren Empfindungen und Kontrolle über Körperbewegungen) und somatoforme Störungen: Störungen, die sich körperlich ausdrücken, wie zum Beispiel Hypochondrie.

F5 – Auffälligkeiten mit körperlichen Störungen

Zum Beispiel Magersucht.

F6 – Persönlichkeitsstörungen

Zum Beispiel Borderline-Persönlichkeitsstörung (im Film „Eine verhängnisvolle Affäre", dargestellt von Glenn Close), zwanghafte Persönlichkeitsstörung (im Film „Besser geht's nicht!", dargestellt von Jack Nicholson), narzisstische Persönlichkeitsstörung, multiple Persönlichkeitsstörung.

F7 – Intelligenzminderung

In unterschiedlichen Schweregraden, mit und ohne Verhaltensstörungen.

F8 – Entwicklungsstörungen

Zum Beispiel Lese- und Rechtschreibstörung, Rechenstörung, Autismus, Asperger-Syndrom.

F9 – Störungen mit Beginn in der Kindheit und Jugend

Zum Beispiel Aufmerksamkeitsdefizit mit Hyperaktivitätsstörung (ADHS), vorübergehende Ticstörungen, Tourette-Syndrom, Stottern.

Überlassen Sie es den Profis, Erkrankungen zu diagnostizieren!

Wer mehr über einzelne psychische Störungen erfahren möchte, findet in der ICD-10 Kapitel V (F) die klinisch-diagnostischen Leitlinien zu den Störungsbildern. Das, was ich beschrieben habe, verleitet schnell dazu, andere einzuordnen. Vermeiden Sie es bitte unbedingt, Ihren Verdacht gegenüber Betroffenen zu äußern. Viel zu schnell kann man da falsch liegen. Es gibt viele körperliche Erkrankungen, die sich psychisch auswirken oder selbst sogar psychische Symptome produzieren. Überlassen Sie die Diagnostik den Verantwortlichen innerhalb und außerhalb Ihres Unternehmens. Beziehen Sie die Verantwortlichen so früh wie möglich mit ein. Lassen Sie sich von ihnen alle Informationen geben, die Ihnen helfen, Ihre Fürsorgepflicht zu erfüllen.

Hinweise:

Was Sie tun
können

> Jede markante Veränderung eines Mitarbeiters sollte Sie dazu bewegen, ihm mehr Aufmerksamkeit zu widmen.
> Dabei ist es egal, in welche Richtung die Veränderung geht.
> Jedes merkwürdige, erklärungsbedürftige Verhalten sollten Sie genauer beobachten und hinterfragen.
> Je resistenter dieses Verhalten gegen Einwirkungen von außen ist, desto wahrscheinlicher wird die Notwendigkeit von professioneller Hilfe.

Besonderheiten:

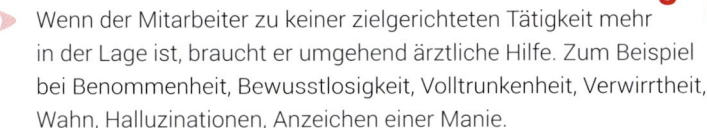

> Wenn der Mitarbeiter zu keiner zielgerichteten Tätigkeit mehr in der Lage ist, braucht er umgehend ärztliche Hilfe. Zum Beispiel bei Benommenheit, Bewusstlosigkeit, Volltrunkenheit, Verwirrtheit, Wahn, Halluzinationen, Anzeichen einer Manie.
> Wenn Sie den berechtigten Verdacht haben, dass ein Mitarbeiter sich selbst oder andere gefährden könnte, wenden Sie sich bitte sofort an Polizei und Notarzt. Falls vorhanden, können Sie auch über Werkschutz und Arbeitsmedizin gehen.
> (Zum Umgang mit Suizidgefährdeten finden Sie im Abschnitt 4.2 weitere Hinweise.)

Zum Abschluss dieses Kapitels erhalten Sie noch Informationen zur Behandlung psychischer Störungen. Psychische Störungen werden mit psychologischen Methoden im Rahmen einer Psychotherapie behandelt. Aber auch in der Schmerztherapie und bei Krebserkrankungen wird zunehmend Psychotherapie eingesetzt.

Wer behandelt
psychische
Störungen?

Folgende psychotherapeutische Verfahren sind wissenschaftlich anerkannt:

Verhaltenstherapie

Dieses Verfahren arbeitet mit dem Einüben von neuen Verhaltens- und Erlebensmustern. Desensibilisierungs- und Konfrontationstechniken sind typisch für die Verhaltenstherapie. Den Patienten werden meist Aufgaben für den Alltag gegeben.

Analytische Psychotherapie

Sie geht auf die Psychoanalyse von Freud zurück. Dabei geht es um verdrängte Gefühle, innere Konflikte und verfehlte Entwicklungsschritte, die unbewusst die Selbstentfaltung und Heilung blockieren. Diese Blockaden werden aufgelöst. Meistens benötigt dieses Verfahren eine hohe Anzahl an Therapiestunden.

Tiefenpsychologisch fundierte Psychotherapie

Sie ähnelt der Psychoanalyse, unterscheidet sich aber darin, dass sie an konkreteren Problemstellungen arbeitet und die Gespräche stärker vom Therapeuten gesteuert werden.

Hypnosepsychotherapie

Hypnotherapie arbeitet mit einem veränderten Bewusstseinszustand: der Trance. Diese kann je nach Ziel der Behandlung mehr oder weniger tief ausfallen. In Trance werden Veränderungen von Gefühlen und Erleben auf unbewusster Ebene leichter erreicht. Sie wird von der gesetzlichen Krankenkasse übernommen, wenn der Therapeut eine Abrechnungsgenehmigung hat.

Gesprächspsychotherapie

Selbstverwirklichung und Entwicklung des Klienten stehen im Mittelpunkt. Es geht um Gefühle und Bedürfnisse. Ziel ist, sich selbst besser zu verstehen und anzunehmen. Gesprächspsychotherapie wird in Deutschland noch nicht von der gesetzlichen Krankenkasse übernommen.

Systemische Therapie

Diese Therapieform bearbeitet Störungen im Zusammenhang mit sozialen Systemen. Der Patient selbst und sein Umfeld werden als soziale Systeme verstanden. Die Wechselwirkungen der verschiedenen Systeme werden bearbeitet. Der Fokus liegt auf den Ressourcen des Patienten und auf Lösungen. Diese Therapieform kommt meist mit weniger Therapiestunden aus. Sie wird in Deutschland noch nicht von der gesetzlichen Krankenkasse übernommen.

Psychotherapie kann von Psychologen und Medizinern durchgeführt werden, wenn sie hierfür eine Zusatzausbildung absolviert haben: Der *psychologische Psychotherapeut* arbeitet mit rein psychologischen Methoden. Ein ärztlicher Psychotherapeut oder *Facharzt für Psychothe-*

rapie setzt psychotherapeutische Verfahren ein, darf aber zusätzlich Medikamente verordnen. Ein *Psychiater* ist Arzt. Er behandelt psychische Störungen hauptsächlich medikamentös. Um Psychotherapie anzubieten, benötigt auch der Psychiater eine Zusatzqualifikation: Zum Beispiel Facharzt für Psychotherapie.

3 Wie gehe ich mit Betroffenen um?

Der Kern dieses Buches bietet eine Zusammenstellung prototypischer Lösungsmuster. Die zentralen Handlungsansätze daraus stecken in den drei Komponenten der Führungsstrategien: Rollenklarheit, Konsequenz und Präsenz. Zuerst finden Sie die Beschreibungen der Komponenten. Wie diese im Umgang mit den Betroffenen zusammenspielen, erfahren Sie anhand des Gesprächsgerüsts. In typischen Praxissituationen finden Sie diese Strategien dann mit unterschiedlichen Schwerpunkten wieder. Den Abschluss des Kapitels bildet eine Übersicht zu Ansprechpartnern und Hilfen, die Sie im Umgang mit Betroffenen benötigen.

3.1 Führungsstrategien

Die Komponenten

Mit diesem Strategienmodell können Sie schnell die wichtigsten Handlungsansätze im Umgang mit Betroffenen identifizieren. *Rollenklarheit* beinhaltet, wie und wann es notwendig ist, diese Klarheit herzustellen. *Konsequenz* stellt das zeitliche, strategische Vorgehen in Abhängigkeit von der Reaktion der Betroffenen dar. *Präsenz* gibt Antwort darauf,

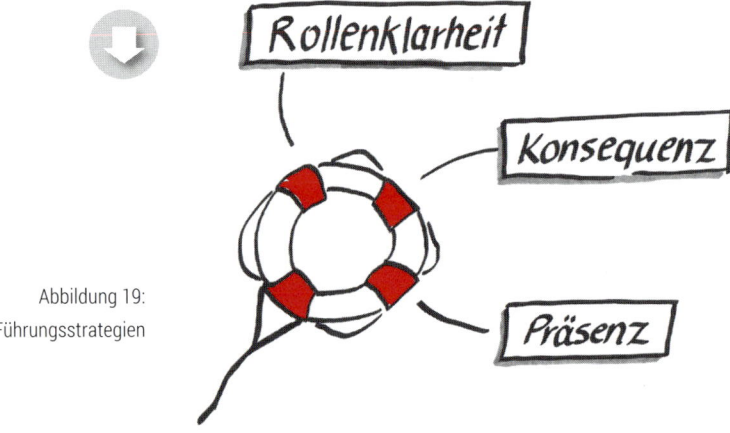

Abbildung 19:
Führungsstrategien

welche psychischen Investitionen in die Beziehung zu Betroffenen notwendig sind.

3.1.1 Rollenklarheit

Unter Rollenklarheit finden Sie Ansätze zusammengefasst, die sich auf Fragestellungen dieser Art beziehen: Darf oder muss ich überhaupt ...? Derartige Fragen haben mit Unsicherheiten im Bereich der eigenen Verantwortung, Rolle oder Pflicht zu tun. Unklare Verantwortungsbereiche stellen psychische Gefährdungen für die Beteiligten dar. Rollenklarheit ist eine wichtige Kraftquelle und dient der Konfliktprävention.

Verantwortungsbereiche der Führungskraft

Soziale Systeme wie ein Unternehmen, ein Team oder eine Abteilung können nur erfolgreich sein, wenn die Verantwortungsbereiche der Akteure sich weder überlappen noch Lücken lassen (Bernd Schmid, 2004). Phänomene aus der Hilfeforschung machen das nachvollziehbar: Wenn in Notfallsituationen Verantwortlichkeiten ungeklärt sind, läuft es entweder chaotisch ab oder niemand macht etwas. Jeder, der in Bereichen wie Rettungsdienst oder Feuerwehr tätig ist, kennt das. Weniger spektakulär, aber nach dem gleichen Prinzip: Wenn mehrere ausgebildete Moderatoren sich zu einer Besprechung zusammensetzen, moderiert meistens keiner und es läuft völlig unstrukturiert ab. Da spreche ich aus eigener Erfahrung. Manchmal geht aber auch uns ein Licht auf!

Nach dem Systemiker Bernd Schmid muss es für jedes Problem oder jede Fragestellung im Unternehmen einen Verantwortlichen geben, nicht mehrere. Deshalb hat Verantwortung für diese Person etwas mit *Antwort geben* zu tun.

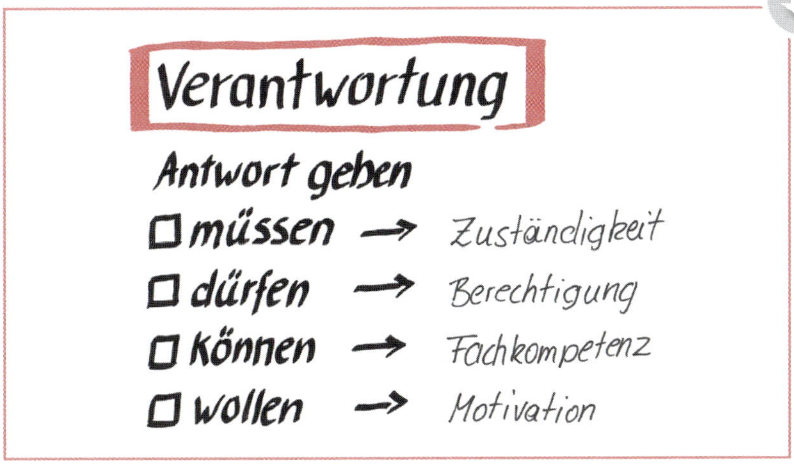

Abbildung 20: Verantwortung (in Anlehnung an Bernd Schmid, 2004)

Die Verantwortung ist geklärt, wenn diese vier Fragen mit „Ja" beantwortet werden können: *Muss ich? Darf ich? Kann ich? Will ich?*

Wenn ich antworten, reagieren oder lösen *muss*, bin ich zuständig. Das
ist über Stellenbeschreibungen, Projektaufträge, Prozessbeschreibungen
organisatorisch geregelt. Was ich *darf*, ist Inhalt von Zugriffsberechti-
gungen, Unterschriftsvollmachten und im Negativen von Verboten. Was
ich *kann*, hängt von meiner Eignung ab. Also, von Ausbildung, Quali-
fikation und Konstitution. Was ich *will*, habe ich implizit in meinem
Arbeitsvertrag zugesichert. Meine Bereitschaft und meine Entschei-
dungsspielräume sind hierbei relevant.

Das Modell der Verantwortung besticht durch seine prägnante Anwendung. Wenn Sie oder Ihre Mitarbeiter zum Beispiel …

> ▶ müssten, aber nicht dürfen, brauchen Sie zusätzliche Berechti-
>   gungen.
> ▶ müssten, aber nicht können, brauchen Sie Weiterbildung.
> ▶ könnten, aber nicht wollen, fehlt Ihnen wahrscheinlich der Sinn.
>   Oder Ihre Wertvorstellungen unterscheiden sich zu stark von
>   denen Ihres Auftraggebers/Arbeitgebers.

Beispiele von Rollenkonflikten

Hier einige Beispiele, in denen Rollenklärung wichtig ist, um Über- und
Unterforderung (siehe Kapitel 2) und eskalierende Konflikte zu verhindern:

Projektleiter in Matrixorganisationen

Der Projektleiter führt Projektmitarbeiter, hat aber keine Berechtigung,
disziplinarisch auf die Mitarbeiter zuzugreifen. In diesem Fall muss
er mit dem Mitarbeiter und dessen Führungskraft klären, welche Situationen in seinen Verantwortungsbereich fallen, und ab wann die
Führungskraft des Mitarbeiters übernehmen muss.

Fragen dieser Art helfen bei der Klärung:

> ▶ Bei wem meldet sich der Mitarbeiter, wenn er krank ist?
> ▶ Wer entscheidet über seinen Urlaub?
> ▶ Bei zeitlichen Konflikten zwischen Projekt- und Linienarbeit: Wer
>   trifft letztendlich die Entscheidung, wie wird priorisiert?
> ▶ Wenn der Projektmitarbeiter im Projektteam durch eigene Ver-
>   haltensauffälligkeiten in eskalierende Konflikte gerät: Ab wann
>   muss seine Führungskraft übernehmen?

Führen ohne Vorgesetztenfunktion

Um die Führungskraft zu entlasten, wird eine Teamleiterebene ohne disziplinarische Führungsberechtigung eingeführt. Auswirkungen sind oft, dass Mitarbeiter sich vom Teamleiter bevormundet fühlen und der Führungskraft mangelndes Eingreifen vorwerfen. Mitarbeitern und dem Teamleiter selbst muss klar werden, welche Rechte und Pflichten der Teamleiter hat. Wie verbindlich sind seine Entscheidungen? Ab welcher Eskalationsstufe in Konflikten muss er an die Führungskraft abgeben? Welche Inhalte darf er kritisieren, welche nicht? Zum Beispiel: Der Teamleiter darf einteilen, welche Arbeitsplätze besetzt werden müssen. Aber darf der Teamleiter auch Gespräche mit dem Mitarbeiter führen, die Kritik zu Arbeitsmoral, Fachkompetenz oder Fehlzeiten beinhalten? Wenn ja, muss das den Teamleitern *und* Mitarbeitern verdeutlicht werden. Sonst hat der Teamleiter keine Akzeptanz. Das betrifft in ähnlicher Weise auch Supervisoren, Koordinatoren, Schichtleiter etc.

Überspringen von Hierarchieebenen

Höhere Führungskräfte greifen an der direkten Führungskraft vorbei auf Mitarbeiter zu. Auswirkungen können sein: Schwierigkeiten und Konflikte in der Zusammenarbeit auch an Schnittstellen, Beschwerden von internen und externen Kunden, gesundheitliche Beeinträchtigungen der Mitarbeiter und Führungskräfte. Die höhere Führungskraft schwächt mit ihrem Vorgehen die direkte Führungskraft und hebelt sie vielleicht sogar ganz aus. Die Mitarbeiter reiben sich entweder zwischen den Führungskräften auf oder versuchen, aus dem Führungskonflikt einen Nutzen zu ziehen. Notwendige organisatorische Eskalationsprozesse verlieren ihre Wirkung. Die Rolle der direkten Führungskraft muss ganz klar umrissen und abgegrenzt werden. Legen Sie fest, ab wann genau die nächsthöhere Führungsebene verantwortlich ist.

Unklare Einarbeitungsprozesse

Die Führungskraft hat zur Einarbeitung neuer Kollegen zwei Mitarbeiter benannt. In vielen ähnlich gelagerten Fällen stellte sich hinterher heraus, dass keinem der Beteiligten die Rollen in der Einarbeitungsphase wirklich klar waren. Wer darf den neuen Kollegen Arbeitsanweisungen geben? Wie verbindlich sind fachliche Aussagen der einarbeitenden Kollegen? Wer kontrolliert die Leistung und den Leistungsfortschritt der neuen Kollegen? Wer ist bei Leistungs- und Verhaltensmängeln zuständig? Wer ist in welchem Ausmaß an Kritik oder Beurteilung der neuen Kollegen beteiligt?

Bei ungeklärten Rollen entstehen ...

- ▶ gegenseitige Schuldzuweisungen bei Problemen mit der Leistung der neuen Kollegen,
- ▶ Akzeptanzverlust der einarbeitenden Mitarbeiter,
- ▶ Fehlentwicklung neuer Mitarbeiter,
- ▶ schwelende Konflikte untereinander, weil zum Beispiel die neuen Kollegen lieber zu anderen Kollegen gehen, die aus ihrer Sicht hilfsbereiter sind.

Klären Sie die oben aufgezählten Fragen im Dreiecksverhältnis *Führung – einarbeitende Mitarbeiter – neue Kollegen* genau. Stellen Sie das auch der restlichen Gruppe gegenüber klar.

Rivalität um den Führungsposten

Zwei Mitarbeiter hatten sich um die Führungsposition beworben. Einer von ihnen, der Dienstjüngere, hat sie bekommen. Die Gefahr besteht, dass der Dienstältere nun jede von ihm wahrgenommene Führungslücke ausfüllt. Vielleicht, um zu zeigen, dass er es besser gemacht hätte oder einfach völlig unbewusst. Die neue Führungskraft fühlt sich so einer Dauerkritik des Dienstälteren ausgesetzt und ist über den „Rollenklau" sauer. Hier ist ein Gespräch zwischen Führungskraft und Dienstälterem über ihre Rollen notwendig. Das sollte direkt nach der Entscheidung über die Führungsposition geschehen. Später könnte sonst eine neutrale Moderation der Beteiligten notwendig werden.

Das Ausgestalten von Rollen ist nie wirklich abgeschlossen. Jede Veränderung kann dazu führen, dass eine ergänzende Klärung notwendig wird. Fortschreitende Rollenklärung führt auch zur schützenden Abgrenzung der Beteiligten (siehe Abschnitt 4.2).

3.1.2 Konsequenz

Konsequentes Verhalten braucht einen „Plan B".

Konsequenz stellt das zeitliche und strategische Vorgehen in Abhängigkeit von der Reaktion der Betroffenen dar. Anders ausgedrückt: Sie brauchen immer einen „Plan B". Die wichtigste Strategie für konsequentes Vorgehen stelle ich an den Anfang dieses Abschnitts. Sie hat den Titel „Patentrezept" verdient und ergab sich aus der Forschung zum Kooperationsverhalten. Um sich nach diesem Rezept konsequent verhalten zu können, müssten Sie erstens sicher sein, welche Ihrer Bedürfnisse in Bezug auf das Mitarbeiterverhalten wichtig und berechtigt sind. Nur bei diesen Bedürfnissen ist die Wahrscheinlichkeit hoch, dass Sie sie auch weiterverfolgen müssen, dürfen, können und wollen. Und Sie müssten zweitens dem Mitarbeiter sagen können, mit welchem Verhalten von Ihnen er jeweils rechnen kann. Für diese beiden Voraussetzungen für Konsequenz finden Sie im weiteren Verlauf des Abschnitts Orientierungshilfen. Aus diesen Elementen lässt sich ein Stufenplan für die Gespräche mit Mitarbeitern entwickeln, den ich am Ende dieses Kapitels beispielhaft verdeutliche.

Bei Konsequenzen denken viele zuerst an Abmahnungen oder ähnliche arbeitsrechtliche Druckmittel. Im öffentlichen Dienst höre ich zum Beispiel: „Wir können ja gar nicht konsequent führen, weil Beamte nicht belangt werden können." Viele Führungskräfte fühlen sich bei der Veränderung von schwierigem Mitarbeiterverhalten allein gelassen. Dabei fehlt es an einer strategischen Vorgehensweise, vom Auftauchen des auffälligen Verhaltens bis zur „Abgabe" an die Personalabteilung oder andere Eskalationsebenen. Diese Vorgehensweise ist so eng mit der Kultur im Unternehmen verflochten, dass eine Führungskraft allein schnell an ihre Grenzen stößt. Wenn eine Führungskraft konsequent vorgeht, dann muss auch die nächsthöhere Ebene die Konsequenz sinnvoll weiterführen.

Die Fragen, die Sie sich auf Führungsebene beantworten müssten, sind: Wie bekomme ich von meinen Mitarbeitern das Verhalten, das ich von ihnen brauche? Und wenn ich es nicht bekomme, was mache ich dann?

Genau hierbei helfen Erkenntnisse aus Forschungsbereichen zur Entwicklung von Kooperation. Dafür muss ich etwas weiter ausholen. Besonders beeindruckt haben mich die Arbeiten von Robert Axelrod und Anatol Rapoport zur Spieltheorie (Hofstadter, 1998):

Robert Axelrod veranstaltete ab 1979 Computerturniere, zu denen mehrere Interessierte und Forscher Programme beisteuern konnten. Diese Programme stellten unterschiedliche Konfliktlösungsstrategien dar und traten miteinander auf das simulierte Spielfeld. Die Fragen waren, wie sich kooperatives Verhalten in sozialen Systemen entwickelt und welche Strategie dem Einzelspieler den meisten Erfolg einbringt.

Ausgehend von der Logik, dass ich bei einer Einzelbegegnung mehr einheimse, wenn ich den anderen über den Tisch ziehen kann, stellten sich diese Fragen:

▶ Warum ziehen wir uns dann nicht alle immer gegenseitig über den Tisch?
▶ Oder: Worauf sollen wir setzen? Auf Egoismus oder Zusammenarbeit?

Eigene Bedürfnisse kennen und vermitteln ...

... sowie Konsequenzen mitteilen.

> Welche Kombination von Kooperieren und Mogeln macht mich auf lange Sicht – über Einzelbegegnungen hinaus – erfolgreicher?

„Tit for Tat"-Strategie

Ein Programm gewann immer wieder dieses Computerturnier, auch in unterschiedlichen Umgebungen. Das Programm kam von einem erfahrenen Forscher in diesem Bereich, Anatol Rapoport, und er hatte es „Tit for Tat" genannt. Die Strategie von Tit for Tat war simpel: Biete immer zuerst Zusammenarbeit an und übernimm dann die Reaktion des anderen! Dieses Programm fing nie an zu mogeln. Wenn es betrogen wurde, mogelte es direkt zurück. Ging aber wieder zur Zusammenarbeit über, wenn das andere Programm sie angeboten hatte.

Daraus ergab sich Folgendes für soziale Systeme:

> Zeige dich immer *zuerst kooperativ*! Fang nicht als Erster damit an, egoistisch zu sein! Schätze die Kooperationsbereitschaft des anderen nicht zu pessimistisch ein!
> Sei schnell *provozierbar* und steige sofort auf Egoismus um, wenn der andere es zuvor getan hat. Lass dich nicht ausnutzen!
> Zeige dich direkt *versöhnlich*, wenn der andere wieder auf Zusammenarbeit umsteigt. Sei nicht zu lange nachtragend.

Programme, die ähnliche Strategien verfolgten wie Tit for Tat, aber hochkomplex und undurchsichtiger waren, hatten weniger Erfolg. Ein Erfolgsfaktor, den die Forscher daher noch aufdeckten, war:

> Sei unkompliziert! Das bedeutet: Sei *berechenbar*, klar, durchschaubar!

Was sich herauskristallisierte: Wenn ein anderes Programm überhaupt nicht auf seine Mitspieler reagiert, dann ist es besser, schnell zum Egoismus zu wechseln. Kooperation macht nur bei Beeinflussbarkeit einen Sinn. Weiterer Erfolgsfaktor:

> Wechsle schnell auf dauerhafte Durchsetzung eigener Interessen, wenn der andere nicht beeinflussbar ist.

Tit for Tat funktioniert nicht in einer „Null-Summen-Welt"! Also dort, wo die Summe aller Gewinne und Verluste der Spieler zusammen Null ergibt. Spielt Ihr Unternehmen ein „Null-Summen-Spiel"? Dann schauen Sie sich Punkt 5 der nächsten Aufzählung ganz genau an.

Verhaltensregeln, die für Führungskräfte abgeleitet werden können:

1. Setzen Sie auf Zusammenarbeit. Beginnen Sie immer mit Kooperation.

2. Gehen Sie schnell konsequent vor, wenn Sie keine Kooperation erhalten.

3. Zeigen Sie sich versöhnlich, wenn der andere wieder auf Kooperation umsteigt.

4. Verhalten Sie sich klar und berechenbar.

5. Stellen Sie rechtzeitig auf Durchsetzung der eigenen Interessen um, wenn der andere nicht beeinflussbar ist.

Das „Patentrezept" im Umgang mit anderen

Diese Regeln erhöhen die eigenen Erfolgsaussichten und sie helfen, sich selbst treu zu bleiben. Für mich ist es *das* „Patentrezept" im Umgang mit anderen.

Zu diesen Überlegungen gibt es eine Anekdote, die ich in meiner systemischen Weiterbildung in Heidelberg mitbekommen habe (Autor ist mir unbekannt):

Ein Paartherapeut lernt ein altes Ehepaar kennen, das schon über 40 Jahre glücklich verheiratet ist. Und da Paartherapeuten es seltener mit glücklich Verheirateten zu tun haben, wird er neugierig. Er will wissen, was das Rezept dieses Paares für eine solch lange und zufriedenstellende Partnerschaft ist. Mann und Frau schauen sich an und überlegen … Nach einiger Bedenkzeit meldet sich die Frau zu Wort: „Ich glaube, den Grundstein hat unsere Hochzeitsreise gelegt. Da waren wir mit einem Maultier in den Anden." Der Paartherapeut versteht nicht, bohrt weiter, und sie erklärt: „Ja, das Maultier wollte nicht laufen und wir mussten schieben und ziehen und haben ihm Wasser und Möhren angeboten, aber es ist nicht gelaufen. Vollkommen entnervt hat sich mein Mann vor dem Tier aufgebaut, ihm in die Augen geschaut und leise das Wort ‚Eins' gesagt." „Ja, und weiter?", fragt der Therapeut. „Beim zweiten Mal, als das Maultier wieder bockte und stur auf der Stelle stehen blieb, das Gleiche. Nur, dass mein Mann das Tier jetzt ansah, als wollte er es hypnotisieren, und etwas lauter und nachdrücklicher zu ihm ‚Zwei' sagte." Das Ehepaar schaut den Therapeuten an und nickt bestätigend, so als müsste ihm nun klar sein, was das Rezept ist. Der Therapeut hat immer noch keinen Schimmer und fragt weiter nach. Sie führt fort: „Na ja, das dritte Mal, als das Maultier stehen blieb, hat mein Mann sein Gewehr aus der Halterung am Sattel genommen und das Tier erschossen." Der Therapeut kann das Entsetzen der Frau nachvollziehen, und sie sagt: „Ich habe meinen Mann gefragt, ob

> er den Verstand verloren habe und was er nur für ein Mensch sei. Dann habe ich laut schluchzend erklärt, dass ich ihn nicht wiedererkenne … Was glauben Sie, was er darauf gesagt hat? – ‚Eins'."

Konsequenter und berechenbarer, und das auch noch mit wenig Worten, kann man wohl in einer Beziehung nicht sein. Wobei die hier angewandten Mittel natürlich ausschließlich als Anekdote zum Schmunzeln sind! Erschießen ist natürlich keine Option – Esel hin oder her.

Was heißt das in Bezug auf Führungsverhalten?

Die Tit-for-Tat-Strategie ist nur wirksam, wenn Sie grundsätzlich kooperativ führen. Bei autoritärem Führungsstil bieten Sie zu Beginn keine Kooperation, sondern Durchsetzen an. Einfach nur „Eins" zu sagen, hilft also nicht. Kooperation am Anfang heißt, starkes, konstruktives, authentisches Feedback zu geben und Verständnis und Unterstützung bezogen auf die Sichtweise des Mitarbeiters zu zeigen. Hören Sie genau hin, was der Mitarbeiter über seine Bedürfnisse und Gefühle zu erkennen gibt, und was er von Ihnen braucht.

Durch die unterschiedlichen Machtverhältnisse tendieren Mitarbeiter dazu, ihre eigenen Interessen gegenüber der Führungskraft nicht zu vertreten. Sie passen sich zu oft ihrer Führungskraft an, obwohl sie unzufrieden sind.

Wenn trotzdem ein Mitarbeiter dauerhaft blockt, sollten Sie so früh wie möglich Konsequenzen ziehen. Und Konsequenz heißt hier nicht direkt arbeitsrechtliche Konsequenz! Eine Konsequenz niedriger Stufe könnte auch sein, dass Ihr Gesprächsverhalten bestimmender wird, dass Gespräche mit dem Mitarbeiter formeller werden. In weiteren Stufen holen Sie sich als Steigerung andere Verantwortliche dazu.

Insgesamt heißt diese Rubrik: dranbleiben. Nicht zu früh aufgeben. Das Timing muss stimmen. Warten Sie nicht zu lange ab! Und treiben Sie auch nur voran, was wirklich wichtig ist.

Äußern Sie ein klares Ziel. Nur: Was ist denn wirklich wichtig? Sie brauchen gleich am Anfang Ihres Vorgehens ein stabiles Ziel, dass Sie wie einen Leuchtturm ansteuern können. Nur so können Sie klar und deutlich auf den Punkt bringen, worum es Ihnen geht. Am besten so, dass sich die Wahrscheinlichkeit der gewünschten Reaktion des Mitarbeiters erhöht.

Eine schnelle Orientierung bietet hier das Modell von Marshall Rosen- **Gewaltfreie**
berg aus der Gewaltfreien Kommunikation. Viele verbinden das Wort **Kommunikation**
„gewaltfrei" mit einer Art „Weichspül-Kommunikation". Das ist die Kom- **nach Rosenberg**
munikation von Rosenberg ganz und gar nicht. Ich war selbst über-
rascht, wie stark sie sein kann. Dazu muss ich den Mut aufbringen, den
anderen klar und prägnant um das zu bitten, was ich dringend von ihm
brauche. Da „drucksen" wir alle häufig ganz schön herum. Wichtig ist,
dass ich die Bitte gut begründen kann. Ein Beispiel aus einem Vortrag
von Rosenberg macht das deutlich:

> Eine Frau hatte sich von ihrem letzten Ersparten ein gebrauchtes Auto
> gekauft und ihr altes Auto verschrotten lassen. Am zweiten Tag fing das
> Auto an, Mucken zu machen und gab schließlich ganz den Geist auf. Eine
> versuchte Klärung mit dem Händler brachte nichts, da es kein Fall von
> Gewährleistung gewesen sei. Weil sie so verzweifelt war, bot ihr Mann
> an, mit einem befreundeten Anwalt zu sprechen. Nach mehreren Wochen
> erhielt sie ein Schreiben von diesem Anwalt. Es sei nichts zu machen, der
> Händler würde Recht behalten. An dem Schreiben hing eine Rechnung,
> die sie nur mit größter Mühe bezahlen könnte. Sie rief beim Anwalt an und
> versuchte höflich anzudeuten, worum es ihr ging. Der Anwalt verstand
> nicht und wurde ungeduldig. Daher platzte sie schließlich damit heraus,
> dass sie nicht wüsste, wieso sie für nichts so viel Geld bezahlen sollte.
> Sie können sich sicher vorstellen, dass das den Anwalt nicht besonders
> motivierte.

Kein Wunder: Sie drückte sich erst viel zu undurchsichtig aus und wech-
selte dann zum vorwurfsvollen Durchsetzen. Besser: Die Frau erklärt
dem Anwalt, dass sie wegen seiner Rechnung und dem Verlust ihres
Ersparten und ihres Autos langsam in Panik gerät, weil ihre finanzielle
Sicherheit bedroht ist. Daran muss sich ein klarer Appell anschließen:
„Bitte nimm deine Rechnung zurück!" Wenn der Anwalt sich genauso
prägnant ausdrücken kann, sagt er vielleicht: „Ich denke über meine
Rechnung nach, wenn du anerkennst und respektierst, was ich in diesen Wochen alles unternommen habe, um euch zu helfen. Ich war mehr-   **Eigene**
fach beim Händler, habe mich mit Kollegen beraten, …"   **Interessen**
                                                                        vertreten und
Das bietet beiden die Möglichkeit, eine kooperative Lösung zu finden,   **Beziehung**
bei der sie ihr eigenes Interesse gut vertreten *und* die Beziehung re- **respektieren**
spektieren.

Voraussetzung ist, dass die Frau aus unserem Beispiel klare und ziel-orientierte Erwartungen an einen anderen formulieren kann. Wenn sie will, dass er die Rechnung zurücknimmt, sollte sie genau das formulie-ren, nichts anderes. Den Mut, sich so klar wie möglich zu äußern, ziehen Sie aus der Begründung der Bitte.

Folgender Aufbau ist nach Rosenberg hier wichtig:

Abbildung 21: Komponenten der gewaltfreien Kommunikation nach Rosenberg

Die Schwierigkeit, Erwartungen klar zu formulieren

Nehmen wir einmal an, ich habe Hunger und mein Bedürfnis ist Nah-rungsaufnahme. Dieses unbefriedigte Bedürfnis macht mich aggressiv (Gefühl). Biologisch nachvollziehbar, oder? Wenn ich in einem Restau-rant sitze und die Bedienung (Auslöser) das zweite Mal an mir vor-beiläuft, würde ich in ihr schnell die Ursache für meine Aggressivität sehen. Nach Rosenberg ist aber der Hunger die Ursache für meinen Ärger – und nicht die Bedienung. Das ist ein ganz wesentlicher Unter-schied, der uns in der Kommunikation sehr viel stärker macht und hilft, uns selbst erfolgreich zu vertreten. Bleiben wir einmal dabei, dass ich immer wütender darüber werde, so einer unfähigen Bedienung begegnet zu sein und, dass ich ihr die Schuld an allem gebe. Dann werde ich mich vielleicht beim Wirt über sie beschweren und fordern, er solle sie raus-schmeißen. Nun stellen Sie sich vor, der Wirt kommt meiner Forderung nach: Was, bezogen auf mein Bedürfnis, habe ich davon?

Ja, ich weiß, das Beispiel hört sich sehr konstruiert an. Aber genauso fallen in der Praxis unsere Forderungen oft aus.

Wie schwierig es ist, Ziele und Erwartungen so klar zu formulieren, dass ich sie auch konsequent verfolgen kann, macht folgendes Beispiel deutlich:

> Führungskräfte schildern oft das Problem, dass Mitarbeiter sich selbst überschätzen. Bei genauer Nachfrage ist meist das eigentliche Problem, dass diese Mitarbeiter auf Kritik mit Besserwisserei, Rechthaberei, Rechtfertigungstiraden oder Verteidigung reagieren. Häufig versuchten die Führungskräfte dann, den Mitarbeitern über andere Wege zu beweisen, dass ihre Leistung kritisch ist. Sie gaben den Mitarbeitern zum Beispiel Aufgaben, mit denen sie Schwierigkeiten haben würden. In keinem der Fälle hatte diese Strategie den gewünschten Erfolg. Die Mitarbeiter wollten einfach nicht einsehen, dass sie schlechter sind, als sie denken.

Aber kann das überhaupt das Ziel sein? Die Frage ist: Welche berechtigten Bedürfnisse melden sich denn bei mir im Umgang mit diesem Mitarbeiter?

Mögliches Bedürfnis:

> ▶ Mir ist es wichtig, dass meine Mitarbeiter sich so gut wie möglich weiterentwickeln können und ihre Potenziale nutzen. Ich muss offen ansprechen können, wo ich Verbesserungschancen sehe.

Dieses Bedürfnis bleibt bestehen, egal, wie der Mitarbeiter reagiert. Und es ist vollkommen berechtigt und wichtig in der Zusammenarbeit. Die Klarheit über grundlegende Bedürfnisse führt dazu, dass man sich in schwierigen Gesprächen nicht mehr so leicht vom Weg abbringen lässt und dranbleiben kann. Das erfüllt die erste Voraussetzung für konsequentes Vorgehen.

Die zwei Voraussetzungen für konsequentes Vorgehen

Die zweite Voraussetzung ist, eine Idee davon zu haben, was Sie machen, wenn der Mitarbeiter nicht darauf eingeht. Dann sollten Ihre Gespräche so aufgebaut sein, dass Sie sie weiter steigern können. Das bedeutet auch, dass Sie klein anfangen müssen. Viele Führungskräfte unterschätzen dabei die Wirkung ihres eigenen Gesprächsverhaltens und denken, sie bräuchten machtvollere, arbeitsrechtliche Hebel.

Dazu habe ich ein Beispiel: Vielleicht kennen Sie den Film „Ghost – Nachricht von Sam". Darin wird Sam im Auftrag seines besten Freundes ermordet. Als Geist hält er sich weiter unter den Lebenden auf. Diese können ihn nur nicht mehr wahrnehmen. Er bekommt mit, dass sein bester Freund auch Sams Frau ermorden will. In Panik versucht er sie zu warnen, was nicht gelingt. Irgendwann trifft er auf eine Geisterbeschwörerin. Sie kann ihn hören, aber nicht sehen oder auf andere Weise wahrnehmen. Sie will ihm nicht helfen, weil sie Angst hat. Nach verzweifelter Suche kann Sam sie schließlich konsequent dazu bringen, ihm doch bei der Rettung seiner Frau zu helfen. Welche Konsequenzen hatte er wohl zur Verfügung? Er blieb Tag und Nacht an der Seite der Geisterbeschwörerin und hat immer wieder das gleiche, nervige Lied gesungen – bis sie es nicht mehr hören konnte und aufgab.

Falls Sie jetzt überlegen, welches Lied Sie Ihren Mitarbeitern in Zukunft vorsingen könnten, ein Tipp: Je schlechter Sie singen können, desto besser!

Alles, was wir tun, hat immer automatisch Konsequenzen. Wenn Sie das aktiv steuern wollen, dann kostet es einige Mühe, die richtigen Konsequenzen zu finden.

Ein Beispiel meiner eigenen Suchprozesse:

> Ich kann mich ganz dunkel erinnern, dass ich so etwas wie das Folgende schon einmal zu meinem Sohn gesagt haben könnte: „Wenn du dein Zimmer nicht bis 18:00 Uhr aufgeräumt hast, dann räume ich es auf." Was glauben Sie, was daraufhin passiert ist? Kurz nach sechs kam mein Sohn zu mir und „erinnerte" mich daran, dass ich doch noch sein Zimmer aufräumen wollte!

Das sind die wirklich dunklen Seiten des Eltern-Daseins. Aber Aufgeben ist keine Option. Manchmal ist es das gute Recht von einem Mitarbeiter (Sohn), die Konsequenzen, die die Führungskraft (Mutter) anbietet, auch anzunehmen. Also seien Sie darauf gefasst, dass Sie die Konsequenzen durchziehen müssen. Ich brauchte dringend einen Plan B.

Stufenplan für ein eskalierendes Verhalten

Wie könnte ein Stufenplan aussehen, wenn ein Mitarbeiter, wie in dem Beispiel weiter oben, auf Kritik mit Verteidigung reagiert?

Das „Leitbedürfnis" war: *„Mir ist es wichtig, dass meine Mitarbeiter sich so gut wie möglich weiterentwickeln können und ihre Potenziale nutzen. Ich muss offen ansprechen können, wo ich Verbesserungschancen sehe. Nur so kann ich unseren gemeinsamen Erfolg sicherstellen."*

Dieses Leitbedürfnis bleibt in jeder Stufe als Begründung erhalten. Darauf baut die weitere Kommunikation auf, die Sie wie folgt steigern können:

Stufe 1: fragende, verständnisvolle Haltung

„Wie kann ich dir sagen, dass ich eine Veränderung von dir brauche, sodass du sie auch in Angriff nehmen kannst?" – Das Gesprächsziel lautet: Vereinbarungen zum weiteren gemeinsamen Vorgehen, bezogen auf Feedback und Kritik.

Stufe 2: stärkere Betonung Ihrer Erwartungen

„Bitte finde einen konstruktiven Umgang mit Kritik!" – Jede Rechtfertigungstirade oder Verteidigung des Mitarbeiters nehmen Sie am besten als weiteres konkretes Beispiel für Ihre Veränderungswünsche. Zielorientierte, kooperative Frage könnte hier noch sein: *„Welche Unterstützung für die Veränderung bräuchtest du von mir?"* Den Abschluss des Gespräches sollte eine Vorschau darauf bilden, was Sie tun werden. Machen Sie deutlich, wie Sie sich verhalten werden, wenn der Mitarbeiter sein Verhalten verbessert. Stellen Sie klar, welche Konsequenzen es haben wird, wenn sich sein Verhalten nicht verbessert.

Stufe 3: angekündigte Konsequenzen

Setzen Sie das um, was Sie in Stufe zwei angekündigt hatten. Das könnte Folgendes sein: Sie nehmen die nächsthöhere Führungskraft dazu. Sie besprechen mögliche Personalentwicklungsmaßnahmen und bieten dem Mitarbeiter zum Beispiel Training oder Coaching zum Thema „Umgang mit Feedback, Kritik, Fehlern, ..." an. Thematisieren Sie auch, welche Konsequenzen es haben wird, wenn der Mitarbeiter sich nicht auf Ihre Maßnahmen einlässt oder diese Maßnahmen keinen Erfolg haben werden.

Sie brauchen für dieses Vorgehen eine Eskalationskultur, die es erlaubt, höhere Ebenen oder andere Funktionseinheiten mit in die Verantwortung zu nehmen. Eskalation wird oft falsch verstanden. Viele verbinden das Wort mit „Anschwärzen" oder „Petzen" oder lassen Dinge „an die Wand fahren", damit endlich Notiz genommen wird. Diese negative Eskalationskultur findet sich als Ursache bei vielen Schwierigkeiten größerer Unternehmen, die wegen mangelhafter Produkte durch die Presse gingen. Man wundert sich dann, dass so große Unternehmen so wenig von den zugrundeliegenden Fehlern wussten.

Im Kleineren findet man das Phänomen auch in Projekten. Tom de Marco empfiehlt in seinen Projektmanagement-Romanen „Der Termin" oder „Spielräume" eine besondere Kultur: So früh wie möglich Bescheid zu sagen, wenn etwas schwieriger als gedacht ist oder sich verzögert. Er geht davon aus, dass in Projekten die Strategie „Wird schon gut gehen" am Ende zu größeren, vielleicht sogar unlösbaren Problemen führt. Genauso verhält es sich im Führungskontext mit schwierigem Mitarbeiterverhalten.

3.1.3 Präsenz

Risikobereiche, die die Präsenz einer Führungskraft gefährden

Wie anwesend ist eine Führungskraft für ihre Mitarbeiter, körperlich und geistig? Kann sie möglichst zutreffend erkennen, ob ein Mitarbeiter unterstützt werden muss oder ob er es selbst schafft und sich damit weiterentwickelt? Dafür ist Einfühlungsvermögen nötig. Risikobereiche, die die Präsenz von Führungskräften gefährden, sind:

- ▶ Trennende Rahmenbedingungen
- ▶ Über- und Unterforderungsreaktionen
- ▶ Eskalierte Konflikte

Trennende Rahmenbedingungen sind zum Beispiel:

- ▶ Zu große Führungsspannen
- ▶ Räumliche Trennung: Homeoffice, Außendienst, Auslandtätigkeit
- ▶ Führungsrotation und -fluktuation
- ▶ Zu große Einbindung der Führung in das operative Geschäft
- ▶ Zeitliche Trennung, wie zum Beispiel durch Schichtarbeit

Unter diesen Bedingungen können Sie Ihren Mitarbeitern nicht mehr genügend Aufmerksamkeit schenken. Das kann dazu führen, dass Ihnen Wichtiges entgeht oder dass sich Mitarbeiter nicht mehr beachtet fühlen.

Richtwerte zu Führungsspannen sehen so aus:

- ▶ Bei der Moderation von Gruppen ist ein guter Verteilungsschlüssel 1:10, also auf 10 Teilnehmer sollte ein Moderator kommen.
- ▶ Heterogene Teams mit komplexeren Aufgaben arbeiten am besten, wenn sie sieben Mitglieder haben. Danach potenziert sich der erforderliche Kommunikationsaufwand.
- ▶ Bei homogenen Gruppen mit gleichartigen Tätigkeiten fängt es ab 15 Mitgliedern an, schwierig zu werden.

Sie können einfach durchrechnen, wie lange Sie allein für regelmäßig wiederkehrende Mitarbeitergespräche bräuchten, wenn Sie 25 oder 40 oder mehr Mitarbeiter hätten.

Häufiger Führungswechsel führt zu einem weiteren Problem. Vorgesetzte können die Leistung ihrer Mitarbeiter erst richtig einschätzen, wenn sie sie länger als vier Jahre kennen. Unter zwei Jahren Zusammenarbeit waren Beurteilungsdaten unzulänglich (Schuler, 2004). Zu kurze Führungszeiten verschlechtern also die empfundene Fairness und Gerechtigkeit von Beurteilungen. Gleichzeitig ergeben sich negative Auswirkungen auf eine angemessene Weiterentwicklung der Mitarbeiter.

Über- und Unterforderung verhindern geistige Präsenz. Je mehr ich als Führungskraft selbst im Stress, in der Sättigung oder emotionaler Erschöpfung bin, desto weniger Empathie kann ich für meine Mitarbeiter aufbringen. Mitarbeiter fühlen sich dann kaum wertgeschätzt, ob das Ihre Absicht ist oder nicht. Selbstreflexion und Selbstschutz führen zu einer Verbesserung der empathischen Möglichkeiten (siehe Kapitel 4). Andererseits ist es so, dass über- oder unterforderte Mitarbeiter es ihren Führungskräften schwer machen, an sie heranzukommen. Ein erster Schritt ist schon, dass Sie diese Fehlbeanspruchung beim Mitarbeiter erkennen. Das hilft Ihnen, gelassener mit dem Verhalten der Mitarbeiter umzugehen. Die meisten Schwierigkeiten in der Kommunikation bereiten Stress und psychische Sättigung (siehe Kapitel 2).

Selbstreflexion und Selbstschutz verbessern die empathischen Möglichkeiten.

Umgang mit Stressreaktionen der Mitarbeiter

Gestresste Mitarbeiter schauen eher ängstlich und besorgt auf die bevorstehende Aufgabe. Das kann auch in Aggressivität umschlagen. Nehmen Sie das bitte nicht persönlich. Die Mitarbeiter brauchen Ihre Unterstützung, und nicht Rechtfertigung oder Verteidigung. Oft überfordern sich Mitarbeiter mit perfektionistischen Ansprüchen selbst. Allein das löst schon Stress aus. Oder sie sehen den Wald vor lauter Bäumen nicht mehr und die Aufgaben prasseln nur so auf sie ein. Helfen Sie den betroffenen Mitarbeitern zu priorisieren und wieder den Überblick zu bekommen. Folgende Beispiele machen mögliche Reaktionen in dieser Richtung deutlich:

Gestresster Mitarbeiter	Reaktion der Führungskraft
➤ „Wie soll ich das denn gleich alles richtig machen?"	➤ „Wissen Sie, es muss nicht sofort alles richtig sein. Das wird erst gut, wenn man es eine Weile gemacht hat. Wenn Fehler passieren, dann schauen wir uns gemeinsam an, was noch notwendig ist."
➤ „Ich weiß nicht mehr, wo mir der Kopf steht. Wie soll man da bloß einen Anfang finden?"	➤ „Lass uns schauen, in wie viele kleinere Schritte wir das Ganze unterteilen können. Und dann konzentrierst du dich immer nur auf den nächsten Schritt."
➤ „Wie soll ich das in so kurzer Zeit hinbekommen?"	➤ „Konzentrieren Sie sich erst einmal auf das Allerwichtigste. Wenn Sie möchten, können wir die Priorisierung gemeinsam durchgehen, damit ich Ihnen Rückendeckung geben kann."

Abbildung 22:
Reaktion auf gestresste
Mitarbeiter

Bieten Sie bei Stress Unterstützung an.

Bei Stress ist es gut, Unterstützung anzubieten. Das kann schon der Vorschlag einer orientierenden Handlungsstrategie sein. Bieten Sie Ihren Mitarbeitern die Sicherheit, dass sie Rückendeckung erhalten.

Umgang mit psychisch gesättigten Mitarbeitern

Der Umgang mit psychisch gesättigten Mitarbeitern ist für viele Führungskräfte eine harte Bewährungsprobe. Die Kommunikation bei psychischer Sättigung ist „unlustbetont, widerwillig, gereizt" (Debitz et al., 2012). Meist fehlt diesen Mitarbeitern Sinn und Selbstbestimmung in ihrer Tätigkeit. Sie fühlen sich in ihren Erfahrungen und Kompetenzen nicht gesehen und bei Veränderungen nicht ausreichend beteiligt. Sie glauben, dass ihre Beteiligung ohnehin nur Alibifunktion hätte und ihre Antworten in irgendwelchen Schubladen verschwinden.

Ganz wichtig: Begegnen Sie Killerphrasen nicht mit Killerphrasen!

Killerphrase des Mitarbeiters	Reaktion der Führungskraft
➤ „Das hört sich theoretisch ja ganz toll an, ist aber praktisch wohl kaum machbar."	➤ „Wo sehen Sie denn aus Ihrer Erfahrung heraus den Hauptunterschied zwischen Theorie und Praxis?"
➤ „Das steht mir echt hier oben!"	➤ „Ja, das kann ich mir vorstellen. Ich hätte mir das auch anders gewünscht. Was bräuchtest du denn von mir, um damit besser klarzukommen?"
➤ „Das ist doch gar nicht das Thema!"	➤ „Welches Thema ist denn für Sie das zentrale? Mit welchem Thema sollten wir uns eher beschäftigen?"
➤ „Wieso soll ich schon wieder ...?"	➤ „Ich weiß, es hat dich jetzt wiederholt getroffen. Das tut mir leid und danke, dass du es trotzdem gemacht hast. Welche Unterstützung könntest du denn gebrauchen?"

Abbildung 23: Reaktion auf psychisch gesättigte Mitarbeiter

Hier ist die Kombination von „aus der Seele sprechen" und lösungsorientierter Fragetechnik Kern der kommunikativen Haltung. Fragen Sie am besten auch nach Erfahrungen und Erwartungen der Mitarbeiter. Lassen Sie sich nicht von der widerwilligen Kommunikation anstecken.

Kombinieren Sie Wertschätzung und lösungsorientierte Fragen.

Falls der Mitarbeiter formuliert, was er bräuchte, sollten Sie sich ernsthaft damit auseinandersetzen und klarmachen, was Sie davon angehen werden. Und das dann auch umsetzen.

Wenn Ihnen jetzt beim Lesen fast die Hutschnur geplatzt ist, dann haben Sie wahrscheinlich Mitarbeiter, die schon chronisch dieses Verhalten zeigen. Das ist genau die ansteckende Wirkung, die Sättigung hat. Vielleicht denken Sie: „Ich hätte schon längt mit der Faust auf den Tisch gehauen." In diese Richtung geht es auch irgendwann. Dann beginnen Sie, ganz konkret zu formulieren, was Sie von Ihrem Mitarbeiter erwarten und gehen konsequent stufenweise vor (siehe Abschnitt 3.1.2). Nur, davor muss eine Phase der Kooperation kommen. Übernehmen Sie die Perspektive des Mitarbeiters. Überlegen Sie, was der Mitarbeiter von Ihnen bräuchte, um da wieder herauszukommen. Das ist die faire Chance, die Mitarbeiter benötigen. Erst recht, wenn die psychische Sättigung durch die Arbeitsbedingungen entstanden ist.

Eskalierende Konflikte führen dazu, dass man sich nicht mehr in den anderen einfühlen kann oder will. Konfliktparteien nehmen sogar auf ihre eigene Gesundheit keine Rücksicht mehr. Sie sind immer weniger bereit, aufeinander zuzugehen und geraten in Pattsituationen. Das Misstrauen wird stärker. Zunehmend unterstellt man dem anderen böse Absichten. Deshalb muss man ständig auf der Hut sein, auf der Lauer liegen. Der andere steht im Fokus und wird zum „wichtigsten Menschen in unserem Leben" (Gunther Schmidt, 2007). Wir regen uns auf und reden nur noch darüber, was der andere sich wieder geleistet hat. Man ist zunehmend der Überzeugung, dass die gesamte Verantwortung für die Konfliktentstehung und damit für die Lösung ausschließlich bei dem anderen liegt. Jedes Entgegenkommen wird vom anderen als Schuldeingeständnis aufgefasst. Steuern Sie dem so früh wie möglich entgegen. Greifen Sie auf Vermittler, Konfliktmoderatoren oder Mediatoren zurück, wenn Sie nicht mehr alleine deeskalieren können. Die Gesundheitsgefährdung wird für beide sonst zunehmend stärker. Reagieren Sie, sobald Sie eine starke Abneigung spüren, sich in den Mitarbeiter einzufühlen oder seine Perspektive zu übernehmen. Mehr zu Konfliktentwicklung und Deeskalation finden Sie in Abschnitt 3.3.5.

Deeskalieren Sie so früh wie möglich – greifen Sie ggf. auf Vermittler zurück.

Trennende Rahmenbedingungen, Über- und Unterforderung sowie eskalierende Konflikte verhindern, dass eine Führungskraft präsent sein kann. Aufmerksamkeit und Empathie sind hierfür die wichtigsten Voraussetzungen. Präsenz von Führungskräften und Mitarbeiterzufriedenheit stehen in einem engen Zusammenhang.

3.2 Das Gesprächsgerüst

Aufbauend auf den Führungsstrategien *Rollenklarheit, Konsequenz und Präsenz* bietet das Gesprächsgerüst Orientierung bei komplexen oder schwierigen Fällen. Es stellt einen fairen, berechenbaren Weg bis hin zu therapeutischen oder arbeitsrechtlichen Maßnahmen dar. Es soll auf einen Blick daran erinnern, dass Sie …

Orientierung bei komplexen oder schwierigen Fällen

> Ihre Energie nur darauf konzentrieren, was wirklich wichtig ist,
> stufenweise und ansteigend vorgehen,
> rechtzeitig die Hilfe von anderen Verantwortlichen nutzen.

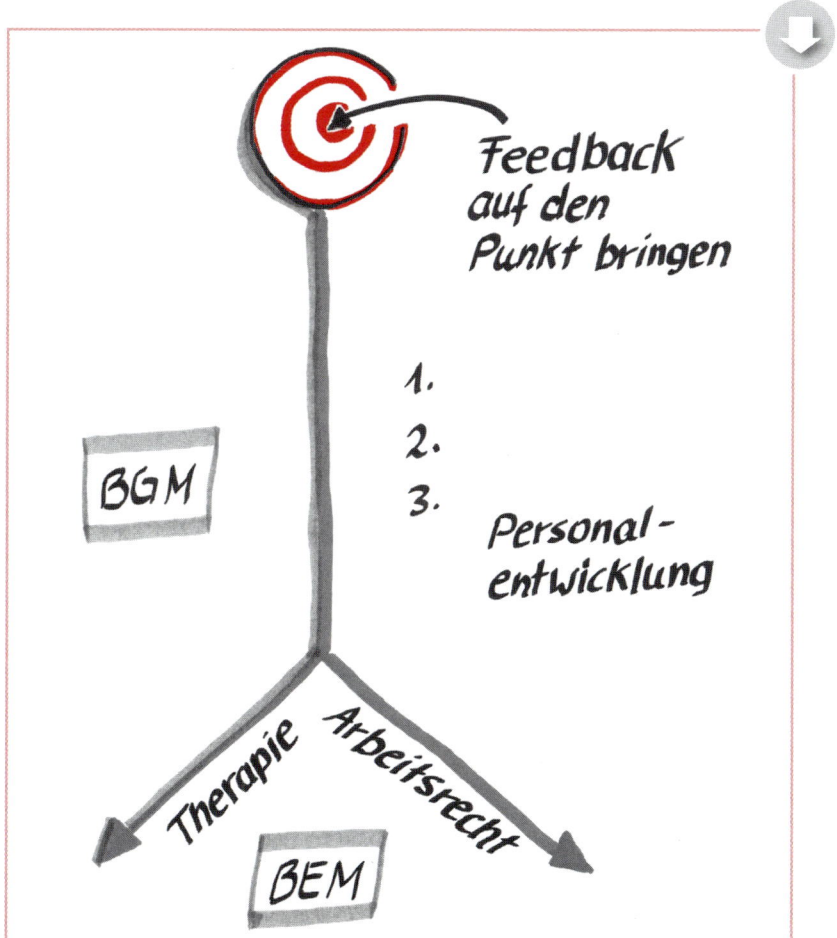

Abbildung 24: Gesprächsgerüst für klare, konsequente, präsente Führung.
BGM = Betriebliches Gesundheitsmanagement; BEM = Betriebliches Eingliederungsmanagement

Die Eckpunkte des Gerüstes sind nachträglich aus typischen Stolper-fallen auf diesem Weg entstanden. Diese Stolperfallen von Führungs-kräften waren:

- ▶ Sie hatten nie klar gesagt, was sie von ihrem Mitarbeiter brauchen.
- ▶ Sie blieben zu lange bei der gleichen Gesprächsführung: „Ich hab dir schon 1000 Mal gesagt, …"
- ▶ Sie wechselten von missmutigem Schweigen zu autoritärem, arbeitsrechtlichem Durchgreifen.
- ▶ Sie hatten sich zu lange mit vagen Erklärungen der Mitarbeiter zufriedengegeben.
- ▶ Sie nahmen zu früh an, dass der Mitarbeiter gar nichts hat und sich nur aus Faulheit seiner Arbeit entzieht.
- ▶ Sie hatten zu lange versucht, alleine weiterzukommen.

Bringen Sie Ihr Feedback auf den Punkt. Grundlage und Voraussetzung für alle weiteren Schritte ist, dass Sie am Anfang Ihr Feedback auf den Punkt bringen. Zu diesem Zeitpunkt ist noch nicht klar, ob es etwas Kurzfristiges oder Chronisches ist, oder ob sich eine schwere Erkrankung ankündigt. Wie resistent ein Verhalten ist, zeichnet sich erst im Verlauf dieses Vorgehens ab. Lassen Sie sich von Ihrem Mitarbeiter sagen, was er für eine Verbesserung bräuchte und bieten Sie Unterstützung an.

Dranbleiben Dann heißt es: dranbleiben! Behalten Sie dabei bitte im Auge, dass am Ende des Prozesses mehrere Alternativen stehen:

- ▶ Mitarbeiter werden wieder voll und ganz arbeitsfähig.
- ▶ Mitarbeiter behalten eine bleibende Beeinträchtigung.
- ▶ Mitarbeiter wechseln oder beenden ihre Tätigkeit.

Gesprächs-verhalten steigern Sie haben folgende Möglichkeiten, Ihr Gesprächsverhalten zu steigern:

- ▶ Von verständnisvollem Zuhören zur stärkeren Betonung Ihrer Erwartungen.
- ▶ Von einer lockeren, zwanglosen Atmosphäre zu formellerem Charakter: mit Einladung, Termin, Besprechungsraum, Dokumentation.
- ▶ Stärkere Verbindlichkeit: Vereinbaren Sie Maßnahmen und den nächsten Termin.

▶ Ziehen Sie weitere Verantwortliche hinzu:

– Personalentwicklung mit Maßnahmen wie Training oder Coaching für Mitarbeiter

– Präventionsangebote aus dem betrieblichen Gesundheitsmanagement (BGM)

– Das betriebliche Eingliederungsmanagement (BEM), wenn es um längere Fehlzeiten, Heilbehandlung, Psychotherapie, bleibende Beeinträchtigungen, Tätigkeitsveränderungen oder Ähnliches geht.

Oft müssen Sie im Vorfeld klären, ob die anderen Verantwortlichen mitgehen. Oder Sie müssen sie aktiv und nachhaltig in die Verantwortung nehmen. Das stellt die innerbetriebliche Zusammenarbeit meist auf eine harte Probe. Mehr dazu in Abschnitt 3.4.

Lassen Sie uns im Folgenden betrachten, wie dieses Vorgehen anhand typischer Praxissituationen aussehen kann.

3.3 Typische Praxissituationen

Anhand der folgenden Praxissituationen lassen sich die typischen Lösungsmuster unserer Fallanalysen konkretisieren. Für das Nachvollziehen der Lösungen ist es günstig, wenn Sie das Gesprächsgerüst und die Führungsstrategien kennen (Abschnitte 3.1 und 3.2). Die Lösungsvorschläge sind so allgemein gehalten, dass Sie ausreichend Spielraum haben, sie auf Ihre Praxis zu übertragen.

3.3.1 Burnout-Gefährdete

Wenn Sie den Verdacht haben, dass sich ein Mitarbeiter auf dem Weg in ein Burnout (Abschnitt 2.5) befindet, fangen Sie am besten so früh wie möglich mit Ihren Gesprächen an. In späteren Stadien des Burnout-Verlaufs wird das Gegensteuern zunehmend aufwendiger. Viele Betroffene berichten, dass nur die „Penetranz" ihres Chefs oder der Familie sie zum Umdenken bewegen konnte. Je stärker Sie Ihr Gesprächsverhalten steigern müssen, desto weiter ist der Mitarbeiter in den Stadien wahrscheinlich schon fortgeschritten.

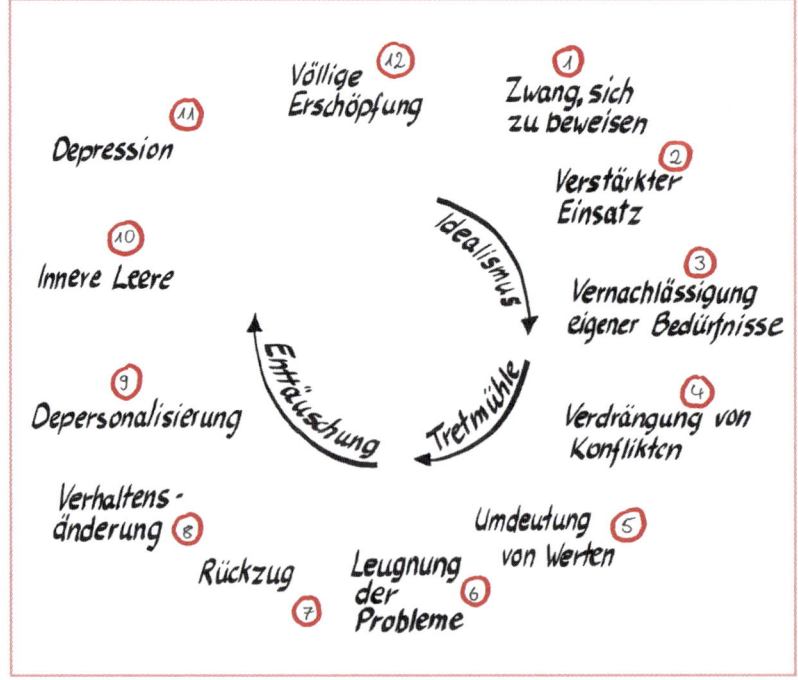

Abbildung 25: Burnout-Stadien nach Freudenberger und North, 1992

Seien Sie darauf gefasst, dass Ihre Gesprächsangebote je nach Stadium unterschiedlich interpretiert werden. Im *Idealismus* werden sie wahrscheinlich als Bremse empfunden. In der *Tretmühle* sind sie eine zusätzliche Last. Und in der Phase der *Enttäuschung* werden sie für die Betroffenen ein zusätzlicher Grund sein, an sich selbst zu zweifeln. Bei sehr auffälligen Verhaltensveränderungen wie Wutausbrüchen, Weinkrämpfen oder „apathischem" Verhalten ist es ratsam, Ihre Gesundheitsdienste hinzuzuziehen: Arbeitsmediziner, psychische Ersthelfer oder Krisenintervention. Viele Betriebe haben gute Erfahrungen mit Infoveranstaltungen dieser Dienste gemacht. Das erspart Führungskräften die Aufklärungsarbeit und die Ansprechpartner machen sich bekannt. Diese können teilweise auch bei latenter Suizidgefährdung helfen. Bei akuter Selbst- oder Fremdgefährdung helfen Notarzt und Polizei (siehe auch Abschnitt 4.2).

Stufenweises Vorgehen

Abbildung 26: Gegenüberstellung der Gesprächsstufen bei Burnout-Verdacht

Jetzt noch einmal zurück zu Ihrer Gesprächsführung bei Burnout-Verdacht. So könnte ein stufenweises Vorgehen aussehen:

Stufe 1	Stufe 2	Stufe 3
	Begrüßung, Einleitung	Begrüßung, Einleitung
Anhaltspunkte	Konkretes Verhalten bisher	Konkretes Verhalten, Sachverhalt
	Erwartungen mit Leitbedürfnissen begründen z.B. Gesundheit, Wohlbefinden, Lust, Spaß, Leistung, dauerhafter Erfolg	
„Ich mache mir Sorgen."	„Ich will dich nicht verlieren!"	„Ich kann das nicht länger riskieren!"
„Was ist los?"	**Fragende, unterstützende Haltung.** Aktiv und aufmerksam zuhören. Analyse der Gefährdungen und Ressourcen.	
Lösungsebene: „Was kann ich tun?"	Vereinbarungen: „Was werden wir tun?"	**Konkrete Erwartungen**: „Bitte bau deine Überstunden bis zum ... ab. Bitte stell dich beim Betriebsarzt vor."
	Ausblick, Abschluss	**Konsequenzen**, Abschluss

Bei einem vagen Verdacht beginnen Sie am besten sehr „klein". Nennen Sie Anhaltspunkte, die Ihnen Sorgen machen, wie Augenringe, fehlende Pausen oder Zuspätkommen. Fragen Sie wenig formell, aber klar und interessiert nach. Selbst, wenn der Mitarbeiter jetzt nicht gleich offen reagiert, könnte es für ihn ein erster Anstoß sein. Vielleicht macht er

Stufe 1

sich Gedanken und kommt später noch einmal auf Sie zu. In einer sehr frühen Phase könnte es sein, dass dieser Anstoß ausreichend ist.

Stufe 2 Wenn nicht, ist die nächste Stufe dran: Lassen Sie sich zwischen diesen beiden Gesprächen nicht zu viel Zeit! Gestalten Sie das Gespräch formeller: Sie laden ein, haben einen separaten Raum, begrüßen förmlich. Sie beschreiben, was bisher geschah. Dann legen Sie in Ihrer Begründung für diese Gespräche nach. *„Mir ist die Gesundheit und das Wohlbefinden meiner Mitarbeiter wichtig. Sie sind mir wichtig. Ich will Sie nicht verlieren."* Hören Sie dem Mitarbeiter in einer fragenden und unterstützenden Haltung aktiv und aufmerksam zu. Analysieren Sie Gefährdungen und Ressourcen gemeinsam. Die Vereinbarungen, die Sie als Lösung treffen, sollten Sie verbindlich gestalten. Vereinbaren Sie auch das nächste Gespräch, um Ihre Maßnahmen zu überprüfen. Nun müsste Ihrem Mitarbeiter klar sein, dass Sie es ernst meinen und dranbleiben werden. Wenn Ihre Lösungen greifen und Besserung bringen, zeigt das, dass der Mitarbeiter noch früh genug die Bremse treten konnte. Andernfalls ist die nächste Stufe notwendig.

Stufe 3 Die Steigerung in Stufe drei ist die stärkere Betonung Ihrer Erwartungen, die Sie wieder mit Ihren Leitbedürfnissen begründen. Zeigen Sie, dass es aus Ihrer Sicht immer riskanter wird. In der Tabelle sind einige Beispiele für Erwartungen formuliert. Bitte passen Sie diese an Ihre Situation an. Falls der Mitarbeiter sich vorher nicht an Vereinbarungen gehalten hat, dann bitten Sie ihn jetzt sehr bestimmt darum. Stellen Sie dar, was Ihr nächster Schritt sein wird, wenn eine Besserung ausbleibt. Die fehlende Besserung des Verhaltens ist für Sie eine gewichtige Begründung dafür, dass Sie nun weitere Verantwortliche beteiligen.

Einige Unternehmen fassen ihre Betriebsvereinbarung zum betrieblichen Eingliederungsmanagement so weit, dass sie auch ohne das Vorliegen von Arbeitsunfähigkeit die Zusammenarbeit der Funktionsbereiche nutzen können. So erhalten gerade Mitarbeiter bei Burnout-Verdacht früh genug die nötige Unterstützung.

3.3.2 Private Probleme der Mitarbeiter

Hinter dieser Problemstellung verstecken sich mehrere Aspekte:
- ▶ Darf oder muss die Führungskraft sich mit privaten Ursachen beschäftigen?
- ▶ Wie weit geht die Fürsorgepflicht?
- ▶ Hat die Führungskraft überhaupt einen Hebel, private Umstände zu verändern?

Niemand lässt seine privaten Sorgen zu Hause. Sobald sich das Private negativ auf die Arbeit des Mitarbeiters auswirkt, sollten Sie handeln. Wie weit Ihre Handlungen gehen können, wird Ihnen nur klar, wenn Ihnen Ihre Rolle als Führungskraft klar ist. Ganz besonders, falls Sie mit Mitarbeitern auch befreundet sind.

Wenn es dem Mitarbeiter schlecht geht, hat er weniger Ressourcen, die er den Belastungen durch die Arbeit entgegenzusetzen hat. Arbeitsbedingungen, die er sonst geschafft hat, setzen ihm vielleicht jetzt zu. Hier greift die Fürsorgepflicht. Grundsätzlich werden Sie an den Arbeitsbedingungen nichts ändern wollen, aber Sie denken wahrscheinlich über eine Entlastung des betreffenden Mitarbeiters nach.

Die wichtigste Strategie bei privaten Belastungen ist:

Knüpfen Sie die Entlastung der Mitarbeiter immer an Bedingungen, und befristen Sie die Entlastung zeitlich! Das ist Ihr Hebel, um den Mitarbeiter dazu zu bewegen, sich eigenverantwortlich um den Erhalt seiner Arbeitsfähigkeit zu kümmern. Andernfalls sind Sie später unsicher, wann und mit welcher Begründung Sie Ihre Entlastung wieder einstellen könnten. Und der Rest Ihrer Mitarbeiter fragt sich früher oder später, warum nur dieser Mitarbeiter das Recht auf die „Bevorzugung" hat.

Befristen Sie Entlastungen zeitlich.

Nehmen wir einmal an, Ihr Mitarbeiter steckt mitten in einer Ehekrise. Scheidung droht, die Kinder haben Schulprobleme und finanzielle Schwierigkeiten belasten ihn. Jetzt braucht er einen guten Ratgeber. Die Frage ist nur, ob dieser Rat von Ihnen selbst kommen sollte oder ob Sie professionelle Unterstützung finden.

Hier hilft die Zusammenarbeit mit der Sozialberatung im Unternehmen weiter. Wenn Sie keine Sozialberatung haben, hat die Personalabteilung möglicherweise Hinweise. Wenn nicht, könnten Sie sich noch bei Beratungsstellen von kommunalen Ämtern oder Hilfsorganisationen informieren (siehe Abschnitt 3.4). Für Ehe- und Erziehungsprobleme gibt es Familienberatungsstellen. Für finanzielle Schwierigkeiten gibt es Schuldnerberatungsstellen. In einigen Unternehmen gibt es sogar Einrichtungen, die Mitarbeiter bei finanziellen Problemen direkt unterstützen: Günstige Darlehen, Fonds, Stiftungen.

Ihre Bedingung könnte nun sein, dass sich der Mitarbeiter dort Hilfe holt. Stecken Sie mit dem Mitarbeiter gemeinsam einen Zeitraum ab, in dem er das für sich regeln kann. Schätzen Sie dann die Dauer der vorübergehenden Entlastung ein.

Sollte sich nach diesem Zeitraum keine Besserung einstellen, weil sich der Mitarbeiter nicht um Unterstützung gekümmert hat oder sie keinen Erfolg hatte, werden Sie bestimmter. Geben Sie dem Mitarbeiter noch einen Aufschub. Definieren Sie, was Sie unternehmen werden, wenn sich keine Besserung einstellt. Das könnte sein: Einbezug von Arbeitssicherheit und Arbeitsmedizin, um zu klären, inwieweit der Mitarbeiter wieder seinen Anforderungen gerecht werden kann oder ob Heilbehandlung und Therapie notwendig erscheinen. Falls das Arbeitsverhältnis gefährdet ist oder sich eine bleibende Beeinträchtigung nicht ausschließen lässt, sollten Sie frühzeitig an die Möglichkeiten des betrieblichen Eingliederungsmanagements denken (Abschnitt 3.4).

3.3.3 Simulanten

Gehen Sie klar und konsequent vor.

Ob jemand wirklich krank ist oder simuliert, kann (darf und muss) ein Diagnostiker entscheiden. Entlasten Sie sich von dieser Frage. Klares und konsequentes Vorgehen ist hier der Schlüssel.

Richtungen, in die Sie denken können:

- ▶ Wer krank ist, muss ein Attest bringen und sich behandeln lassen: Heilbehandlung mit dem Ziel, gesund zu werden.
- ▶ Wer nicht krank ist, muss seine Leistung bringen oder benötigt Schulungen: Personalentwicklung mit dem Ziel, besser zu werden.
- ▶ Wer dauerhaft in seiner Leistung eingeschränkt ist, muss sich dies medizinisch bescheinigen lassen. Hier kommen Leistungen für Behinderte und von Behinderung Bedrohte zur Integration am Arbeitsplatz und Erhalt des Arbeitsplatzes in Betracht (Abschnitt 3.4).

Ziel Ihrer Handlungen sollte sein, dass der Mitarbeiter wieder leistungsfähig wird und nicht, dass er einsieht, dass er simuliert. Das wird er nämlich so oder so nie einsehen! Spielen wir es einmal durch:

Ein Mitarbeiter bittet darum, von einer Aufgabe befreit zu werden, weil er sie nervlich nicht mehr schaffe. Es ist eine Aufgabe, die jedem lästig wäre. Um Ihren Verdacht weiter anzufeuern, nehmen wir jetzt noch an, dass dieser Mitarbeiter ohnehin nicht der Schnellste ist und öfter einmal ans Arbeiten erinnert werden muss. Was machen Sie?

▶ Erste Überlegung: Lässt sich an den Arbeitsbedingungen der lästigen Aufgabe für alle etwas verbessern?

▶ Zweite Überlegung: Wie könnten Sie den Mitarbeiter gesundheitlich unterstützen? Vielleicht hilft ja eine Maßnahme zur Stressbewältigung, Arbeitsorganisation oder eine fachliche Schulung.

Gehen Sie so vor, wie Sie es auch bei einem Leistungsträger tun würden. Prüfen Sie, wie der Mitarbeiter auf Ihre Angebote reagiert:

Wie geht Ihr Mitarbeiter auf Ihre Angebote ein?

▶ Er nimmt Ihre Angebote an und Sie schauen, was sich verbessert.

▶ Er sagt, dass das alles nicht so schlimm sei und es bald wieder besser werden würde. Dann vereinbaren Sie ein Folgegespräch mit der Bedingung, dass der Mitarbeiter die Angebote annimmt, wenn es sich bis dahin nicht gebessert hat.

▶ Er sagt Ihnen, dass Sie ihn nicht zu den Maßnahmen zwingen könnten. Dann sagen Sie ihm, dass Sie ihn dauerhaft nur dann von der Arbeit abziehen können, wenn dafür medizinische Gründe nachgewiesen sind.

▶ Wenn er Therapie ablehnt, weil sich daran sowieso nichts bessern lässt, dann soll er sich die dauerhaften Einschränkungen bescheinigen lassen, damit Sie ggf. Leistungen wegen möglicher Behinderung beantragen können.

Diese Vorschläge sind für einen Mitarbeiter mit echten Beschwerden genauso geeignet wie für einen mit „weniger echten" Beschwerden. Dieses Vorgehen entlastet Sie von der Entscheidung, ob ein Mitarbeiter wirklich etwas hat oder nur so tut. Die Reaktionen auf Ihre Angebote geben Ihnen Hinweise, was Sie als Nächstes anbieten oder wie Sie weiter verfahren können.

Falls tatsächlich ein Betrug im Raum steht, sollten Sie Arbeitsrechtler der Personalabteilung, den Medizinischen Dienst der Krankenkassen oder einen Fachanwalt für Arbeitsrecht einbeziehen. Geben Sie diese Verantwortung ab.

3.3.4 Schutz vor Mobbingvorwürfen

Viele Führungskräfte haben die Erfahrung gemacht, dass ihr konsequentes Verhalten zu dem Vorwurf des Mitarbeiters geführt hat: Mein Chef mobbt mich! Gerade beim stufenweisen Vorgehen nach Betriebsvereinbarungen zum Umgang mit Suchtgefährdeten passiert das immer wieder. Wie lassen sich konsequentes Vorgehen und Mobbing unterscheiden? Die Mobbingdefinition macht das klarer:

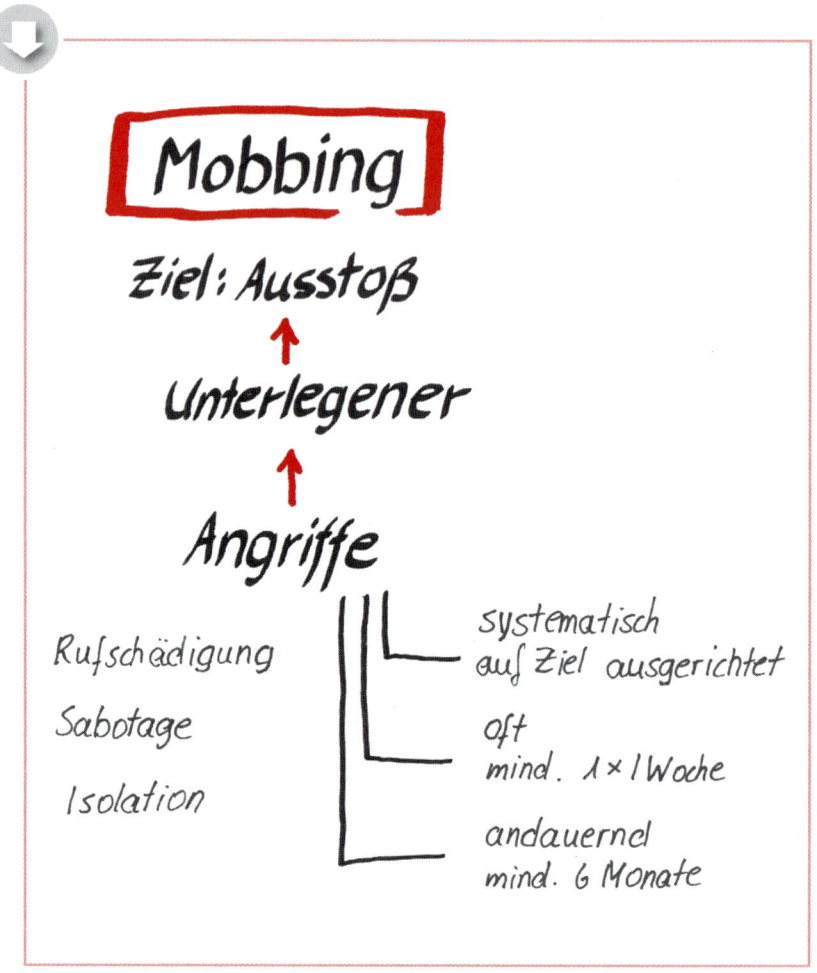

Abbildung 27: Mobbingdefinition in Anlehnung an Leymann, 1993

Mobbing verfolgt systematisch das Ziel, einen anderen auszustoßen.

Mobbinghandlungen verfolgen systematisch das Ziel, einen Unterlegenen auszustoßen. Mit Angriffen auf die unterlegene Person wird versucht, genau dieses Ziel zu erreichen. Die Angriffe kann man in drei Gruppen zusammenfassen: Rufschädigungen, Sabotageakte und Isolation. Meist beinhalten die Angriffe Handlungen, gegen die die Betroffenen auch unabhängig von Mobbing vorgehen könnten, zum Beispiel Beleidigung oder Nötigung. Die Angriffe müssen mindestens einmal pro Woche und mindestens ein halbes Jahr lang laufen. Der Unterlegene muss über Indizien den Beweis führen (Mobbingtagebuch). Wenn Mobbing nachgewiesen ist, liegt meist auch eine Verletzung der Fürsorgepflicht vor.

Sonja Höhn

Im Gegensatz zu Mobbing ist das Ziel von konsequenter Führung, Gesundheit und Arbeitsfähigkeit der Mitarbeiter zu schützen. Der schlechteste Ausgang ist, dass der Mitarbeiter seine Arbeit verliert. Deshalb sind betriebliche Eingliederungsmaßnahmen sehr wichtig.

3.3.5 Das Team

In diesem Thema stecken mehrere Fragestellungen. Die Schwerpunkte habe ich rückwirkend aus Aufträgen zu Teamentwicklungen und Konfliktmanagement gesetzt. Folgende Gefahren sehe ich im Zusammenhang mit psychisch Gefährdeten und Teamarbeit:

> ▶ In Konfliktsituationen innerhalb des Teams geraten psychisch Gefährdete in schädliche soziale Drucksituationen.
> ▶ Durch die Spannungen im Team entstehen oder verschlimmern sich psychische Beschwerden.

Fragen, die Führungskräfte hierbei beschäftigen, sind:

> ▶ Wie lange kann ich das Team autonom wirken lassen?
> ▶ Welche Maßnahmen sind sinnvoll?

Wie lange kann ich das Team autonom wirken lassen?

Knapp 60 Prozent der psychisch Kranken werden nicht entsprechend behandelt (Wittchen und Jacobi, 2012). Nehmen wir einmal an, ein Mitarbeiter ist psychisch krank und bräuchte professionelle Hilfe. Er zeigt Verhaltensauffälligkeiten, die den anderen sehr auf die Nerven gehen. Teilweise behindert das reibungslose Abläufe oder irritiert Kunden. Die Kollegen streiten sich mit ihm, drohen ihm, oder gehen gleich auf Distanz.

Vielleicht bekommen Sie es nicht mit, weil ...

> ▶ die Mitarbeiter Sie raushalten. Niemand will eine „Petze" sein.
> ▶ die Teamkultur darauf setzt, Konflikte und Probleme autonom zu regeln.

Wenn der Mitarbeiter krankheitsbedingt sein Verhalten nicht ändern kann, dann kommt das Team schnell an seine Grenzen. Die Folgen sind unsachliche Konflikte, die weit eskalieren, bis hin zu Mobbinghandlungen.

In der Praxis hat sich Folgendes – gerade bei recht selbstständigen Arbeitsgruppen – bewährt:

▶ *Vereinbarte Eskalation:* Die Mitarbeiter sollen bei unlösbaren Problemen auf Teamebene die Führungskraft so früh wie möglich beteiligen. Nur die Führungskraft kann gemeinsam mit anderen Funktionseinheiten entscheiden, ob Personalentwicklungsmaßnahmen, Teamentwicklungsmaßnahmen, gesundheitsbezogene oder arbeitsrechtliche Schritte veranlasst werden müssen.
▶ *Klare Rollentrennung:* Die anderen Teammitglieder müssen sich aus der „Führung" der Betroffenen raushalten. Auch die Rolle der Gruppensprecher oder Teamleiter ohne disziplinarische Führungsverantwortung sollten Sie genau abgrenzen.

Welche Maßnahmen sind sinnvoll?

Ausgangssituation für soziale Konflikte sind mindestens zwei Parteien, die voneinander abhängig sind. Beide versuchen, ihre gegensätzlichen Handlungspläne zu verwirklichen (Rüttinger, 1980). Je stärker die Abhängigkeit voneinander, desto größer ist das Konfliktpotenzial.

Doppler und Lauterburg (2008) beschreiben eindrucksvoll die natürliche Dramaturgie von Konfliktentwicklungen.

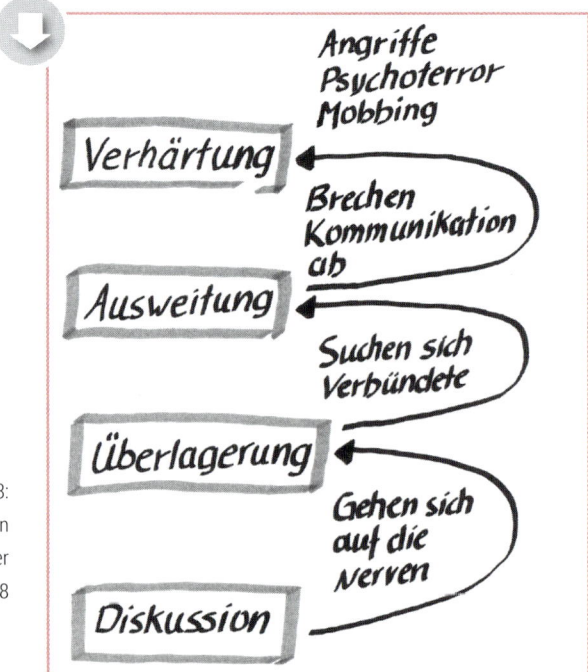

Abbildung 28:
Konflikteskalation in
Anlehnung an Doppler
und Lauterburg, 2008

Stellen Sie sich zwei Personen in einem Büro vor. In diesem Büro gibt es ein Fenster. Eine der beiden Personen (A) steht auf, und macht das Fenster auf. Die andere (B) hüstelt demonstrativ und hält sich den Kragen zu. A merkt, dass sich die Stimmung geändert hat, arbeitet aber weiter. B wartet einen angemessenen Zeitraum ab, steht auf und macht das Fenster lautstark wieder zu.

Am Anfang versuchen sie, sich über Argumente zu Temperatur, Luftzug und Nackenverspannungen zu einigen. Sie verstricken sich in Diskussionen und kommen zu keiner Lösung. Sie gehen sich zunehmend auf die Nerven und verstehen sich nur noch falsch. Sache und persönliche Ebene lassen sich nicht mehr voneinander trennen (Überlagerung). Weil sich jeder im Recht fühlt und Bestätigung und Verständnis braucht, wenden sich beide an andere (Ausweitung). Diese bestärken sie weiter darin, dass die jeweils andere Konfliktpartei an der Eskalation schuld ist und böse Absichten hat. Empörung und Aggression steigen. Bei weiterhin bestehender Abhängigkeit wird nun die Kommunikation abgebrochen. Der andere wird mit Ignoranz bestraft. Es ist aber keine echte Ignoranz. Beide bleiben aufeinander fokussiert. Alles Menschliche, Empathische ist weg. Verhärtung ist eingetreten. Hier wechselt der Konflikt von „heißem Kampf" in „kalten Krieg".

Je höher die Stufe, desto aufwendiger wird die Gegensteuerung. Ab der Stufe Ausweitung muss eine neutrale dritte Person übernehmen. Das könnte eine Konfliktmoderation der einzelnen Konfliktparteien sein. Bei Teamkonflikten bis zu dieser Stufe können Sie auch an eine Teammoderation denken.

Ab der Stufe der Ausweitung brauchen Sie professionelle Unterstützung.

Spätestens ab der Verhärtung wird aufwendigere Mediation erforderlich. Wenn Konflikte sehr schnell eskalieren oder Vernichtungsschläge drohen, bei denen auch der eigene Untergang in Kauf genommen wird, hilft nur noch ein autoritärer Machteingriff (nach Glasl, aus Knapp, 2014).

Welche Möglichkeiten der Vermittlung auf niedrigeren Konfliktstufen hat die Führungskraft? Nehmen Sie an, zwei Mitarbeiter beschweren sich bei Ihnen immer wieder gegenseitig übereinander.

- ▶ A sagt: „B soll endlich aufhören, in unserem Büro zu essen!"
- ▶ B sagt: „A soll endlich aufhören, ständig an mir herumzunörgeln!"

1. Sie sagen B, dass er nicht mehr am Arbeitsplatz essen soll. Folge: B fühlt sich ungerecht behandelt; A lernt, dass Nörgeln etwas bringt.
2. Sie sagen A, dass er nicht mehr nörgeln soll. Folge: A zieht sich beleidigt zurück, B isst triumphierend weiter.
3. Sie sagen A und B gleichzeitig, dass sie nicht mehr nörgeln bzw. am Arbeitsplatz essen sollen. Folge: Es ist vorübergehend ruhig. Beide haben gelernt, dass Sie über Konflikte entscheiden und dass Sie in allen weiteren Streitfällen hierfür herangezogen werden können.

Wenn Sie sich entscheiden, die Arbeitsplätze der beiden zu trennen, löst das die Abhängigkeit voneinander und das Konfliktpotenzial sinkt. Es könnte aber auch sein, dass Sie *einem* der beiden einen Gefallen tun. Dieser würde dann triumphieren. Außerdem sollten Sie überlegen, wie viel Spielraum Sie zur Verfügung haben. Mitarbeiter könnten nämlich die Regel verallgemeinern: Wer streitet, wird auseinandergesetzt!

Bringen Sie Ihren Mitarbeitern bei, Konflikte selbst zu lösen.

Die Lösung: Bringen Sie den Mitarbeitern bei, Konflikte selbst zu lösen. Fragen Sie A und B danach, wozu es gut wäre, wenn der andere das Geforderte erfüllen würde. Also, zum Beispiel: „Wozu wäre es für dich gut, wenn B nicht mehr in eurem Büro essen würde?" Lassen Sie sich nicht von destruktiven Antworten abschrecken. Fragen Sie immer weiter in dieser Richtung. Irgendwann kommen Antworten, die auf die Bedürfnisse der beiden hinweisen. Das trägt dazu bei, dass sie sich wieder besser verstehen. Vielleicht geht es den beiden darum, in Ruhe arbeiten oder sich besser konzentrieren zu können. Genau daraus machen Sie dann den gemeinsamen Nenner. Auf dieses Ziel richten Sie die weiteren Schritte aus. Stellen Sie nun die Aufgabe an A und B: Wie und unter welchen Bedingungen könntet ihr es schaffen, wieder in Ruhe miteinander zu arbeiten? Sie geben damit die Suche nach Lösungen an die beiden zurück und müssen sich nicht selbst den Kopf zerbrechen. Bei der Beantwortung der Frage nach Lösungen geht es um Masse. Die beiden sollen so viele Vorschläge bringen, wie sie können, und zwar ohne dass sie über die Ideen diskutieren. Alles wird, ohne zu bewerten, aufgeschrieben. Eine Auswahl erfolgt später. Die Menge ist wichtig. Am besten legen Sie dann Kriterien fest, nach denen eine Lösung ausgesucht wird. Zum Beispiel: Sie muss schnell funktionieren, sie muss nachhaltig sein. Die Auswahl der Lösungen führt dann zu verbindlichen Vereinbarungen der beiden für ihre weitere Zusammenarbeit.

... Und legen Sie die Konsequenzen für das Nichteinhalten der Vereinbarungen fest.

Wichtig: Legen Sie fest, welche Konsequenzen das Nichteinhalten der Vereinbarungen haben wird.

A		B
	Wozu? Wozu? Wozu?	
In Ruhe arbeiten		Bessere Konzentration
	Gemeinsamer Nenner: Wieder konzentriert und in Ruhe miteinander arbeiten	
Wie den gemeinsamen Nenner erreichen? Sammlung von so vielen Ideen wie möglich!		
	– ... – ... – ... – ... – ...	
Auswahl der Lösungen nach vereinbarten Kriterien		
Verbindliche Vereinbarung		
Konsequenzen von Verstößen		

Die Methode bringt, auch spontan angewendet, schnelle Lösungen. Teile des Vorgehens stammen aus dem Harvard-Konzept (Fisher u.a., 2002).

Abbildung 29: Phasen der Konfliktvermittlung

Wenn Sie damit nicht weiterkommen, müssen andere helfen. Da die Begriffe Moderation und Mediation sehr unterschiedlich verwendet werden, besprechen Sie das Vorgehen mit den jeweiligen Moderatoren oder Mediatoren. Das Vorgehen hängt sehr davon ab, welche Ausbildung diejenigen haben und wie sie die Konfliktdynamik einschätzen. In jedem Fall ist es für alle Maßnahmen sehr wichtig, dass Sie immer die Auswirkungen und Konsequenzen der Nicht-Einigung deutlich machen. Nur wenn Konfliktparteien etwas davon haben, sich zu einigen, gehen sie aufeinander zu.

Strategisches Vorgehen bei Konflikten ist eine grundlegende Führungskompetenz. Konfliktprävention und strategisches Konfliktmanagement tragen wesentlich zu psychischer Entlastung und Gesundheitsförderung bei.

3.3.6 Wiedereingliederung psychisch Kranker

Die größte Schwierigkeit bei der betrieblichen Wiedereingliederung psychisch Kranker ist die „Unsichtbarkeit" der Einschränkungen. Viele Führungskräfte sind deshalb verunsichert und fragen: Was muss ich bei der Wiedereingliederung beachten? Wie soll ich mich am besten verhalten?

Welche Anforderungen kann Ihr Mitarbeiter (noch) erfüllen? Symptome verschiedener psychischer Störungen haben Einfluss auf die Funktionen eines Menschen und damit auf die Erfüllbarkeit der arbeitsplatzbezogenen Anforderungen. Den psychischen Einschränkungen stehen also die Anforderungsbereiche des Arbeitsplatzes gegenüber. Die folgende Tabelle macht diese Gegenüberstellung deutlicher:

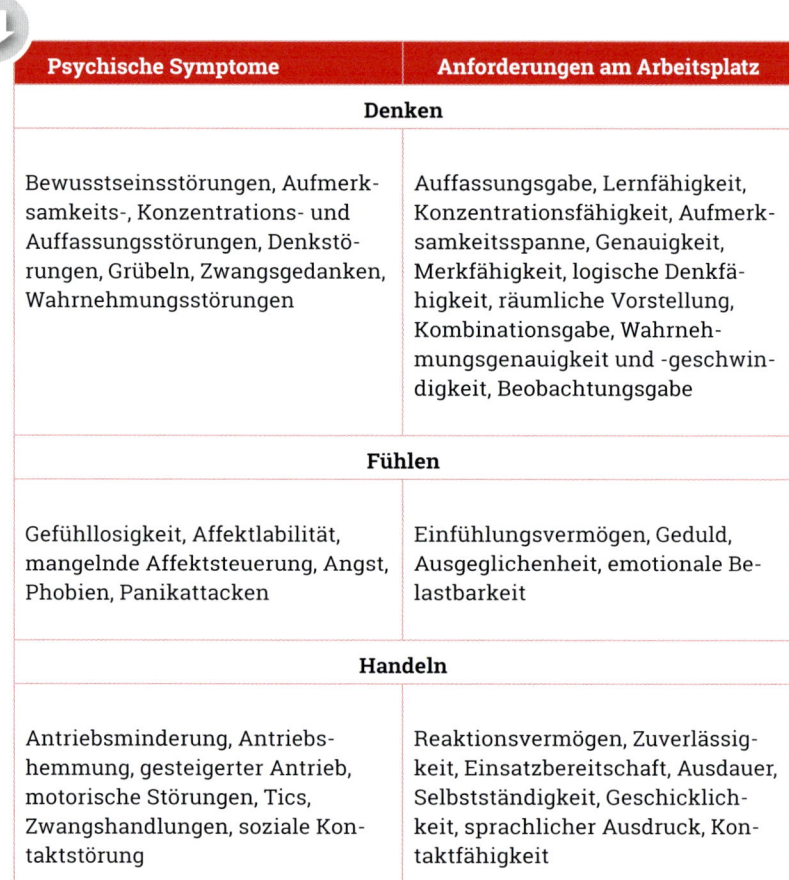

Psychische Symptome	Anforderungen am Arbeitsplatz
Denken	
Bewusstseinsstörungen, Aufmerksamkeits-, Konzentrations- und Auffassungsstörungen, Denkstörungen, Grübeln, Zwangsgedanken, Wahrnehmungsstörungen	Auffassungsgabe, Lernfähigkeit, Konzentrationsfähigkeit, Aufmerksamkeitsspanne, Genauigkeit, Merkfähigkeit, logische Denkfähigkeit, räumliche Vorstellung, Kombinationsgabe, Wahrnehmungsgenauigkeit und -geschwindigkeit, Beobachtungsgabe
Fühlen	
Gefühllosigkeit, Affektlabilität, mangelnde Affektsteuerung, Angst, Phobien, Panikattacken	Einfühlungsvermögen, Geduld, Ausgeglichenheit, emotionale Belastbarkeit
Handeln	
Antriebsminderung, Antriebshemmung, gesteigerter Antrieb, motorische Störungen, Tics, Zwangshandlungen, soziale Kontaktstörung	Reaktionsvermögen, Zuverlässigkeit, Einsatzbereitschaft, Ausdauer, Selbstständigkeit, Geschicklichkeit, sprachlicher Ausdruck, Kontaktfähigkeit

Abbildung 30: Beispielhafte Gegenüberstellung psychischer Symptome (Paulitsch, 2009) und Anforderungen am Arbeitsplatz (Berufsprofile 1997)

Mehr zu psychischen Störungen und Symptomen finden Sie in Abschnitt 2.6.

Die Diagnose ist für Sie eher zweitrangig und unterliegt ohnehin der Schweigepflicht. Aber, um unter anderem Ihrer Fürsorgepflicht nachzukommen, brauchen Sie verlässliche Angaben darüber, welche Anforderungen Ihr Mitarbeiter noch erfüllen kann, welche er langsam wieder trainieren kann und welche nicht mehr erfüllbar sind – das heißt, wo der Arbeitsplatz den Einschränkungen angepasst werden muss. Zwei Vorschriften zur Wiedereingliederung sind wichtig:

Stufenweise Wiedereingliederung: § 74 SGB V, § 28 SGB IX
Der Mitarbeiter ist arbeitsunfähig, könnte seine Tätigkeit aber teilweise ausführen und stufenweise besser wiedereingegliedert werden. Das muss der behandelnde Arzt bescheinigen. Dafür sollte er sich eine Stellungnahme des Betriebsarztes einholen. Dieser kann die tatsächlichen Bedingungen im Betrieb besser einschätzen. Während der stufenweisen Wiedereingliederung besteht weiterhin Arbeitsunfähigkeit. Das führt oft dazu, dass Mitarbeiter aus finanziellen Gründen vorschnelle Entscheidungen treffen.

Vorschriften zur Wiedereingliederung

Betriebliches Eingliederungsmanagement (BEM): § 84 SGB IX
Der Mitarbeiter ist länger als 6 Wochen im Jahr arbeitsunfähig und das Zusammenspiel zwischen den Anforderungen des Arbeitsplatzes und den Mitarbeitermöglichkeiten wird präventiv betrachtet und angepasst. Bei personen-, verhaltens-, oder betriebsbedingten Schwierigkeiten, die das Arbeitsverhältnis gefährden könnten, soll der Arbeitgeber präventiv möglichst früh die Arbeitnehmervertretungen (Schwerbehindertenvertretung) und das Integrationsamt einschalten. Integrationsämter unterstützen Eingliederungsmaßnahmen auch finanziell. In Betriebsvereinbarungen zum BEM ist die Zusammenarbeit und Koordination der Beteiligten geregelt. Ein Gremium aus Arbeitnehmervertretung, ggf. Schwerbehindertenvertretung, Personalabteilung, Betriebsmedizin und ggf. Sozialberatung ist die Basis.

Grenzen solcher behinderungsgerechten Anpassungen sind (§ 81 Abs. 4 SGB IX):

➤ Nicht-Zumutbarkeit für den Arbeitgeber
➤ Unverhältnismäßige Aufwendungen
➤ Widerspruch zu Arbeitsschutzvorschriften

3.4 Ansprechpartner und Hilfen

Ansprechpartner rund um das Thema Psyche am Arbeitsplatz zu finden, ist sehr hilfreich. Dabei macht es einen Unterschied, ob Sie in einem großen oder kleinen Unternehmen tätig sind. In diesem Abschnitt finden Sie die wichtigsten Anlaufstellen zum Thema Psyche.

Externe Anlaufstellen
Kommunal: Gesundheitsamt, Sozialpsychiatrische Dienste, Betriebsärztliche Dienste
Beratungsstellen bei öffentlichen Ämtern und Hilfsorganisationen (Diakonie, Malteser, ASB, …)   – Familienberatung   – Schuldnerberatung   – Suchtberatung   – Erziehungsberatung   – …
Telefonseelsorge, Suchthotline, Krisenintervention
Gemeinnützige Vereine, die sich mit der Thematik beschäftigen, zum Beispiel: Deutsches Bündnis gegen Depression e.V., Horizonte e.V., Deutsche Gesellschaft für Bipolare Störungen e.V., …
Kontakt- und Informationsstelle für Selbsthilfegruppen (KISS), Nationale Kontakt- und Informationsstelle zur Anregung und Unterstützung von Selbsthilfegruppen (NAKOS)
Kassenärztliche Vereinigung (Koordinationsstelle Psychotherapie), Psychotherapie-Informations-Dienst (PID), Unabhängige Patientenberatung Deutschland (UPD)
Sozialversicherungsträger (Krankenkasse, Berufsgenossenschaft, Rentenversicherung), gemeinsame Beratungsstellen
Bei Schwerbehinderung: Versorgungsämter, Integrationsamt, Landeswohlfahrtsverbände

Abbildung 31: Externe Anlaufstellen

In größeren Unternehmen existieren Betriebsvereinbarungen, die Ihnen weiterhelfen. Suchen Sie nach Betriebsvereinbarungen zu diesen Themen:

▶ Betriebliches Eingliederungsmanagement (BEM)
▶ Betriebliches Gesundheitsmanagement (BGM)
▶ Umgang mit Fehlzeiten

- ▶ Gefährdungsbeurteilung Psyche
- ▶ Anforderungs- und Belastungsanalysen
- ▶ Bescheinigungen der Betriebsärzte
- ▶ Umgang mit Suchtgefährdeten
- ▶ Mobbing

Die nächste Abbildung bietet eine Übersicht zu innerbetrieblichen Strukturen mit Bezug zu externen Stellen.

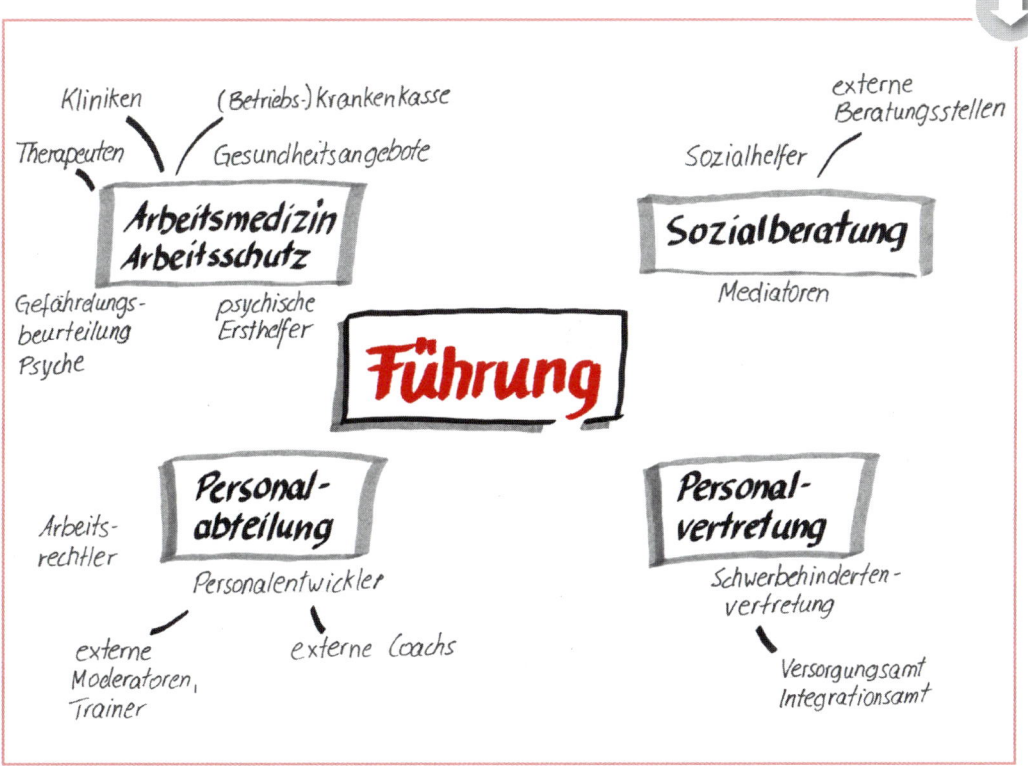

Abbildung 32: Hilfe-Netzwerk Führung

Das *BEM* kommt zum Tragen, wenn bereits Arbeitsunfähigkeiten entstanden sind (siehe Abschnitt 3.3.6). Das *BGM* setzt bereits sehr früh an und will die Gesundheit der Belegschaft vorsorglich fördern. Dafür werden betriebliche Ressourcen bereitgestellt.

BEM und BGM

Beispiele für Angebote des *BGM* sind:

➤ Fitnessstudio, Massage, Betriebssport
➤ Kinderbetreuung, gesunde Ernährung
➤ Psychische Ersthelfer, Kriseninterventionsteams, Mediatoren
➤ Trainingsangebote: Stressbewältigung, Work-Life-Balance, Progressive Muskelentspannung, Atementspannung, Bewegungsübungen, …

Die Zusammenarbeit der Funktionsträger ist von sehr vielen unterschiedlichen, auch politischen Interessen gesteuert. Diese Interessen auszugleichen, ist nicht einfach und kann zu eskalierenden Konflikten führen. Daher ist es sehr sinnvoll, diese Zusammenarbeit sehr früh mit Maßnahmen zur Teamentwicklung, gerade auch für BEM-Teams, zu unterstützen. In kleineren Betrieben bräuchten Sie ähnliche heterogene Teams, wenn nötig, mit zusätzlichen, externen Fachleuten.

Die wichtigsten Gesetze

Hier noch eine Übersicht zu den wichtigsten Gesetzen:

Gefährdungsbeurteilung	§§ 5, 6 Arbeitsschutzgesetz (ArbSchG)
Gefährdungsbeurteilung Psyche	§ 5 Absatz 3 Nr. 6 ArbSchG
Stufenweise Wiedereingliederung gesetzliche Krankenversicherung	§ 74 Sozialgesetzbuch V (SGB V)
Stufenweise Wiedereingliederung Rehabilitation und Teilhabe behinderter Menschen	§ 28 Sozialgesetzbuch IX (SGB IX)
Prävention: BEM Rehabilitation und Teilhabe behinderter Menschen	§ 84 Sozialgesetzbuch IX (SGB IX)
Pflichten des Arbeitgebers und Rechte schwerbehinderter Menschen Rehabilitation und Teilhabe behinderter Menschen	§ 81 Sozialgesetzbuch IX (SGB IX)

Abbildung 33: Übersicht wichtiger Gesetze

Dieses Kapitel beschäftigt sich damit, was Sie für sich selbst tun können. Nehmen Sie sich zuerst ein wenig unter die Lupe. Unter *Selbstreflexion* finden Sie dazu Anregungen. *Abgrenzung* beschreibt, in welchen Fällen Sie besonders auf Ihre eigenen Grenzen achten sollten. Und im letzten Abschnitt, *Ressourcenausbau*, geht es um die Verbesserung der psychischen Widerstandskraft.

4.1 Selbstreflexion

Selbstreflexion bedeutet, das eigene Denken, Fühlen und Handeln selbstkritisch zu hinterfragen. Wie wertschätzend gehe ich mit mir selbst um? Orientiere ich mich an meinen Defiziten oder an meinen Ressourcen? Und was treibt mich an? Macht es mich erfolgreich? Oder setze ich mich damit unnötig unter Druck? Um diese Fragen geht es in diesem Kapitel.

4.1.1 Das Werte- und Entwicklungsquadrat

Alles hat zwei Seiten und in allem Negativen steckt stets etwas Gutes.

Wir verändern unser Verhalten viel leichter, wenn wir das ohne Gesichtsverlust tun können. Negativ besetztes Verhalten wird umso stabiler, je öfter ich mich deswegen verteidigen muss. Wenn ich aber in meiner Schwäche eine grundlegende Stärke sehe, dann ist Änderung einfacher. Ein sehr überzeugendes Modell ist das Werte- und Entwicklungsquadrat von Schulz von Thun. Die Grundüberlegung ist, dass alles zwei Seiten hat und in allem Negativen auch immer etwas Gutes steckt. Diese Überlegung findet sich in verschiedenen philosophischen und psychologischen Theorien. In der Psychoanalyse gibt es dazu das Modell der „Schattentheorie" von C. G. Jung. Jede menschliche Eigenschaft, die wir abwerten, verdrängen und uns verbieten, fristet in unserer Psyche ein Schattendasein und „verwildert" (Maja Storch, 2010). Menschen, die diesem Schattenbild in uns ähnlich sind, lehnen wir entschieden ab. Je mehr wir gegen unseren Schatten kämpfen, desto stärker bricht er irgendwann durch. Und dann in der verwilderten, negativen Form. Wahrscheinlich kommt daher der Spruch: „Du hast wohl einen Schatten!"

Besser ist es, man bringt seinem verwilderten Schatten Manieren bei. Dazu muss man die Stärken des Schattens schätzen und nutzen lernen. Das führt zu einer Bereicherung und Reifung der eigenen Persönlichkeit. Im Werte- und Entwicklungsquadrat nach Schulz von Thun ist die Logik ähnlich:

Stärke	Zusätzliche Stärke
Stärken, mit denen ich mich identifiziere	Stärken, die mich bereichern
Überdosierung dieser Stärke	**Unterdrückte Seite**
Der Vorwurf an mich	Der Gegenvorwurf

Abbildung 34: Werte- und Entwicklungsquadrat nach Schulz von Thun

Hinter Vorwürfen an mich steckt immer eine Stärke, mit der ich mich identifizieren kann. Die negative Bewertung dieser Stärke entsteht, wenn sie überdosiert ist. Die Überdosierung kommt zustande, weil ich bestimmte Eigenschaften unterdrücke. Diese unterdrückte Seite werte ich ab und setze sie als Gegenvorwurf oder Verteidigung ein. Hinter dieser unterdrückten Seite verbirgt sich aber eine Stärke. Diese ist meine Entwicklungsmöglichkeit. Ein Beispiel veranschaulicht die Logik dieses Modells: Ihr Chef sagt zu Ihnen, dass Sie sich Ihren Mitarbeitern gegenüber nicht so kumpelhaft verhalten sollen. Wahrscheinlich ärgern Sie sich und versuchen, Ihre Mitarbeiterorientierung zu verteidigen. Vielleicht sogar, indem Sie in die Abwertung des gegenteiligen Verhaltens gehen: „Ich will ja schließlich nicht so führen wie ein Diktator, dem nur Zahlen wichtig sind und der über Leichen geht."

Überdosierung und unterdrückte Seite

Die Wahrscheinlichkeit ist dann groß, dass Sie Ihr Verhalten beibehalten und das Gegenteil davon weiter abwehren. Manche wechseln in das abgewertete Verhalten, um dem Anspruch ihrer Führungskraft zu genügen. Die unterdrückte Seite, nämlich Diktator zu sein, haben sie aber nie trainiert. Deshalb werden sie als Diktator auf wackeligen Füßen stehen.

Stärke	Zusätzliche Stärke
Überdosierung dieser Stärke Kumpel	**Unterdrückte Seite** Diktator

Abbildung 35: Beispiel Kumpel und Diktator

Das Verhalten wird auf beiden Seiten negativ besetzt. Der Gesichtsverlust für beide Seiten droht, und Veränderung wirkt eher destruktiv als konstruktiv.

In zwei Schritten können Sie konstruktiv und ressourcenorientiert eigene Verhaltensänderungen angehen:

Schritt 1

Welche Stärke liegt dem negativen Verhalten zugrunde?

Suchen Sie nach dem Wert oder der Stärke, die dem negativen Verhalten zugrunde liegen muss. Mit dieser Stärke können Sie sich wahrscheinlich eher identifizieren als mit dem Vorwurf.

Stärke Mitgefühl, Einfühlungsvermögen, Mitarbeiterorientierung	Zusätzliche Stärke
Überdosierung dieser Stärke Kumpel	Unterdrückte Seite

Abbildung 36: Beispiel Stärke des Kumpels

Die Stärken hinter dem Vorwurf „Kumpel" könnten Mitarbeiterorientierung, Einfühlungsvermögen und Mitgefühl sein. Dabei achten Sie auf Akzeptanz und Toleranz und kümmern sich um Zufriedenheit und Gesundheit der Mitarbeiter.

Damit sich diese „echte Stärke" nicht überentwickelt und ins Negative abrutscht, brauchen Sie ein Gegengewicht.

Schritt 2

Das Gegengewicht zu Ihrer zugrundeliegenden Stärke findet sich meistens hinter dem entgegengesetzten, negativen Verhalten. In unserem Beispiel ist das der Diktator. Dadurch, dass man diese Seite abgewehrt und unterdrückt hat, hat man nie die Stärke dahinter erkannt. Und genau das ist die eigene Entwicklungschance.

Welche Stärke liegt dem unterdrückten negativen Verhalten zugrunde?

Abbildung 37: Beispiel Stärke des Kumpels und zusätzliche Stärke des Diktators

Was könnte das Positive hinter diktatorischem, autoritärem Führungsverhalten sein? Zu unterdrücktem Verhalten fällt uns meist nichts Positives ein. Aber es muss eine Stärke zugrunde liegen. Oft ist diese Stärke einfach unbewusst und muss ins Bewusstsein gehoben werden. Das ist umso schwieriger, je mehr man die „unterdrückte Seite" ablehnt. Je größer die Ablehnung, desto wertvoller könnte die Integration der dahinterliegenden Stärken in die eigene Persönlichkeit sein. Mögliche Stärken des Diktators sind Eindeutigkeit, Entschiedenheit und Abgrenzung. Wenn Sie diese als zusätzliche Stärken zu Ihren Stärken aufbauen können, werden Sie erfolgreicher sein. Zusätzlich zu Mitgefühl, Einfühlungsvermögen und Mitarbeiterorientierung müssten Sie lernen, sich entschieden abzugrenzen und sich eindeutiger zu verhalten.

Bei der Selbstreflexion in Seminaren spielen wir schlechte Eigenschaften durch und deuten sie um. Hier ein Beispiel:

Der Selbermacher-Eigenbrötler

Ein Beispiel　Ein leitender Ingenieur berichtet, dass er wohl zu viel vom operativen Geschäft „eigenbrötlerisch" selbst machen würde. Wir sammelten Beispiele für seine *Überdosierung* und seine *unterdrückte Seite*, die er als den „Schwafel-Delegierer" bezeichnete:

Stärke	Zusätzliche Stärke
Überdosierung dieser Stärke Der „Selbermacher-Eigenbrötler" ▸ Bindet die Mitarbeiter nicht ein. ▸ Nimmt den Mitarbeitern Arbeit und Entscheidungen ab. ▸ Mischt sich zu sehr ein. ▸ Reißt Arbeiten an sich, die in andere Abteilungen gehören.	**Unterdrückte Seite** Der „Schwafel-Delegierer" ▸ Hat keine Ahnung vom Geschäft. ▸ Hat höchstens theoretisches Wissen. ▸ Kann sich in die Arbeit der Mitarbeiter nicht hineinversetzen. ▸ Kann Fehler nicht beurteilen. ▸ Lässt sich etwas „vom Pferd" erzählen.

Abbildung 38: Beispiel Selbermacher und Delegierer

Danach suchten wir die Stärken, die sich hinter beiden verbargen:

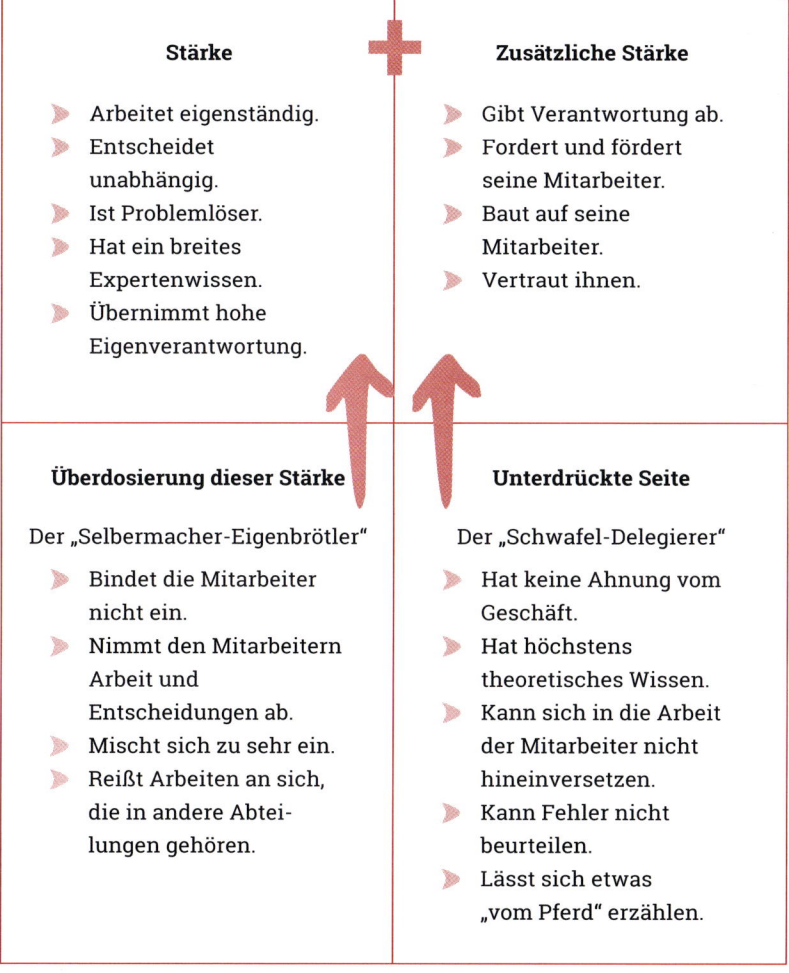

Stärke

⚐ Arbeitet eigenständig.
⚐ Entscheidet unabhängig.
⚐ Ist Problemlöser.
⚐ Hat ein breites Expertenwissen.
⚐ Übernimmt hohe Eigenverantwortung.

Zusätzliche Stärke

⚐ Gibt Verantwortung ab.
⚐ Fordert und fördert seine Mitarbeiter.
⚐ Baut auf seine Mitarbeiter.
⚐ Vertraut ihnen.

Überdosierung dieser Stärke

Der „Selbermacher-Eigenbrötler"

⚐ Bindet die Mitarbeiter nicht ein.
⚐ Nimmt den Mitarbeitern Arbeit und Entscheidungen ab.
⚐ Mischt sich zu sehr ein.
⚐ Reißt Arbeiten an sich, die in andere Abteilungen gehören.

Unterdrückte Seite

Der „Schwafel-Delegierer"

⚐ Hat keine Ahnung vom Geschäft.
⚐ Hat höchstens theoretisches Wissen.
⚐ Kann sich in die Arbeit der Mitarbeiter nicht hineinversetzen.
⚐ Kann Fehler nicht beurteilen.
⚐ Lässt sich etwas „vom Pferd" erzählen.

Abbildung 39: Beispiel Selbermacher und Delegierer, Stärke und zusätzliche Stärke

Mit den Stärken auf der Seite des „Selbermacher-Eigenbrötlers" konnte sich der Ingenieur sehr gut identifizieren und fühlte sich verstanden. Dass es ihm aber an Vertrauen in seine Mitarbeiter fehlen könnte, machte ihn sehr nachdenklich.

Durch diese Art der Selbstreflexion entsteht ein selbstbewussteres Festhalten an den eigenen Stärken. Zusätzlich vergrößern sich die Handlungsalternativen durch Integration der „unterdrückten Seite".

4.1.2 Innere Glaubenssätze

Ein anderer Ansatz der Selbstreflexion sind „Innere Glaubenssätze". Diese Sätze lernen wir in unserer Entwicklung. Sie werden zu Automatismen. Dazu gehören auch negative, innere Überzeugungen, wie etwa „Ich bin nicht richtig!" oder „Ich bin nicht liebenswert!" Diese Sätze wirken unbewusst und können uns unnötig unter Druck setzen.

Ein sehr bekanntes Konzept sind die „Inneren Antreiber":

Innere Antreiber
1. Sei perfekt!
2. Beeil dich!
3. Streng dich an!
4. Mach's allen recht!
5. Sei stark!

Abbildung 40: Innere Antreiber, Kahler und Caspers, 1974

Wir fühlen uns wertlos, wenn wir die Antreiber in uns nicht erfüllen können.

Die Erfüllung dieser inneren Antreiber ist mit unserem Selbstwert gekoppelt. Wir fühlen uns wertlos und niedergeschlagen, wenn wir die Antreiber in uns nicht erfüllen können.

Sei perfekt!

Es ist gut, seine Sache so fehlerfrei und genau wie möglich zu machen. Sie sollten sich bewusst machen, dass dieser Antreiber zu Ihren Erfolgsfaktoren gehört. Prüfen Sie dennoch, wie stark dieser Antreiber mit Ihrem Selbstwert gekoppelt ist und wie viele Handlungsalternativen er Ihnen lässt.

Mein „Silikonfugen-Beispiel" illustriert die Steigerung des Antreibers gut: Haben Sie sich schon einmal an Silikonfugen im Bad versucht? Wenn ich diese Frage stelle, sehe ich eher gequälte Gesichter. Es gibt aber auch welche, die es lieben, mit Silikon zu verfugen.

Was ist bei Silikonfugen wichtig? Sie sollen abdichten! Na, dann ist es doch egal, wie sie aussehen, oder? Hier kommt meist der Widerspruch, dass das Bad ja schön aussehen soll. Sicher fällt es noch in den normalen Bereich, wenn man es im Bad schön haben möchte. Nächste Steigerung: Muss die Silikonfuge überall absolut glatt sein? Überall exakt gleich breit? Auch in den Ecken? Kein einziger Fingerabdruck? Schummle ich, wenn ich dafür Hilfsmittel einsetze? Und was ist mit dem Farbton? Muss er genau mit dem Ton der Betonfuge übereinstimmen? Zustimmendes Nicken bei den meisten im Seminar. Wir sind also noch in einem akzeptablen Bereich. Na ja, bis auf die Sache mit den Hilfsmitteln. Das geht einigen dann schon zu weit. Was ist nun mit einem Hubbel an Stellen, die niemand sehen kann? Wenn es Sie quält, nur zu wissen, dass der Hubbel da ist, kommen wir langsam in den Grenzbereich. Wer nachts nicht schlafen kann, weil er es nicht abwarten kann, die Hubbelfuge herauszureißen und darauf wartet, dass endlich der Sanitärfachhandel öffnet, damit er auf jeden Fall noch die gleiche Charge erwischt, obwohl er am nächsten Tag keine Zeit dafür hat und das Budget für Fugenmaterial schon ausgeschöpft ist ... Derjenige ist auf jeden Fall perfektionistischer unterwegs als die meisten anderen und setzt sich damit selbst unter Druck.

Seien Sie wachsam, wenn sich ein Antreiber zu sehr als Tyrann aufspielt und Ihren Handlungsspielraum einschränkt. Sie könnten anderen mit Erbsenzählen oder Krümelsuche auf die Nerven gehen. Die meisten psychischen Probleme haben etwas mit perfektionistischer Selbstüberforderung zu tun.

Wie lässt sich die Überdosierung von Perfektionismus verhindern?

Viele machen das intuitiv und dämmen ihren Perfektionismus ein, indem sie alles auf den letzten Drücker erledigen. Das zwingt zum Priorisieren. Priorisierung ist das, was mit steigendem Perfektionismus zunehmend verloren geht. Gute Methoden zur Priorisierung sind im Zeitmanagement beschrieben (siehe beispielsweise Seiwert).

Dämmen Sie den Perfektionismus ein.

Die Kombination von Perfektionismus und Gegengewicht findet sich in diesem Satz: *„Du bist nur dann eine perfekte Führungskraft, wenn deine Priorisierung gut funktioniert."*

Beeil dich!

Zeitverschwendung zu vermeiden und seine Arbeit schnell zu erledigen, ist grundsätzlich gut. Wenn dieser Antreiber zu stark ausgeprägt ist, sind wir ständig in Hektik oder auf dem Sprung und machen andere nervös.

Was sind Möglichkeiten, den Beeil-dich-Antreiber in Zaum zu halten?

Planung statt Aktionismus

Beispiele aus der Engpass-Theorie enthalten dazu Hinweise. Hierüber gibt es einen sehr unterhaltsamen und informativen Roman von Goldratt und Cox: Das Ziel. Ein Roman über Prozessoptimierung. Eine Erkenntnis aus der Engpass-Theorie ist, dass ein Prozess nur so schnell sein kann wie sein langsamstes Element. Jemand, der immer nur auf höchste Auslastung setzt, versteht Folgendes nur schwer: In einem Produktionsprozess musste wegen falscher Ersatzteile die schnellste Maschine vorübergehend künstlich gedrosselt werden. In diesem Zeitraum wurde dann aber überraschend mehr produziert. Für den überdosierten Beeil-dich-Antreiber ist das nicht nachzuvollziehen. Er fühlt sich nur gut, wenn alles auf Hochtouren läuft. Woran könnte es liegen, dass bei langsamerer Geschwindigkeit mehr produziert wird? Die superschnelle Maschine lieferte so viele Teile auf einmal, dass bei den anderen Maschinen ein Stau entstand. Es musste Platz geschaffen werden, um die Teile zwischenzulagern. Dadurch mussten Umwege in Kauf genommen werden. Als sie langsamer lief, entfielen Stau und Umwege.

Sätze wie dieser bremsen den Beeil-dich-Antreiber: *„Wenn du dir acht Minuten pro Tag für die Tagesplanung reservierst, bist du am Ende eine Stunde früher fertig."* (Seiwert, 1998)

Streng dich an!

Anstrengung darf nur Mittel zum Zweck sein.

Ohne Fleiß keinen Preis! Ich glaube, ich bin nur etwas wert, wenn ich mich anstrenge, wenn ich fleißig bin, wenn ich „Blut und Wasser" schwitze. Bei Entscheidungen tendiere ich dazu, den anstrengenderen Lösungsweg zu wählen, weil ich diesem eher vertraue. Meine unbewusste Überzeugung ist: Erfolge, die ich leicht erreicht habe, sind dem Zufall, Glück oder jemand anderem zu verdanken. Grundsätzlich ist es eine positive Eigenschaft, wenn ich bereit bin, auch Anstrengendes anzugehen. Ist mein Selbstwert von immerwährender Anstrengung abhängig, dann ist Anstrengung nicht mehr Mittel zum Zweck, sondern das Ziel.

Diese Sätze helfen: *„Streng dich an, den einfachsten Weg zum Ziel zu finden! Streng dich an, mit möglichst wenig Energieverbrauch erfolgreich zu sein!"*

Mach's allen recht!

Dieser Antreiber hat etwas mit der Zufriedenheit meiner Mitmenschen zu tun. Ich habe verinnerlicht, dass ich dafür verantwortlich bin, ob andere zufrieden sind oder nicht. Die guten Seiten dieses Antreibers sind Rücksichtnahme, Einfühlungsvermögen, Harmoniebedürfnis, Vermittlung bei Konflikten, Mitarbeiterorientierung, Kundenorientierung. Dieser Antreiber hilft, das Zwischenmenschliche positiv zu gestalten.

Wenn dieser Antreiber überausgeprägt ist, fällt es den Betroffenen oft schwer, unseren heutigen Straßenverkehr auszuhalten. Sie wollen niemandem etwas Böses und sind irritiert, wie hart der Umgang miteinander auf der Straße ist. Aber kann man es im Straßenverkehr überhaupt allen anderen recht machen? Gerade, wenn ich versuche, es anderen recht zu machen, kann es sein, dass sie immer wütender auf mich werden. Vielleicht lasse ich jemanden an einer Kreuzung vor, obwohl ich Vorfahrt hatte, und verursache damit mehr Chaos. Oder ich versuche, mich nach allen anderen zu richten, wenn ich auf die Autobahn auffahre. Dadurch verhalte ich mich so unberechenbar, dass ich sie verunsichere.

Wie kann ich diesen Antreiber bremsen? Im Straßenverkehr sind Vorsicht, Rücksicht und eindeutiges Verhalten wichtig. Eindeutig im Verhalten zu sein, ist deshalb wichtig, weil wir dadurch für andere berechenbarer werden. Wenn ich an eine Kreuzung heranfahre, bei der ich Vorfahrt gewähren muss, werde ich langsamer und komme zum Stehen. Andere wissen dann, dass ich warte.

Verhalten Sie sich eindeutig.

Dieser Satz hilft: *„Du machst es den anderen nur dann so recht wie möglich, wenn du dich eindeutig verhältst!"*

Sei stark!

Der Indianer kennt keinen Schmerz! Menschen mit diesem Antreiber versuchen, alles aus eigener Kraft und alleine zu schaffen. Sie suchen sich bei Schwierigkeiten keine Unterstützung. Sie halten sich für dumm oder schwach, wenn sie andere brauchen. Sie fühlen sich nur gut, wenn Erfolge ausschließlich ihnen zuzurechnen sind. Zu diesem Antreiber gehört eine gewisse Härte gegen sich selbst und andere. Es ist vollkom-

Lassen Sie fremde Hilfe zu.

men in Ordnung, seine Probleme und Aufgaben selbst regeln zu wollen. „Ich will keine Hilfe von anderen! Niemals! Ums Verrecken nicht!" Das ist jedoch eindeutig zu viel.

Dieser Satz wirkt wahre Wunder: *„Du zeigst nur wirklich Mut und Stärke, wenn du rechtzeitig sagst, dass deine Grenzen erreicht sind!"*

4.2 Abgrenzung

Sich abzugrenzen heißt, sich in sozialen Drucksituationen zu schützen und eine Grundhaltung einzunehmen, die Probleme aus einer hilfreichen Distanz zu betrachten. Drei typische Beispiele verdeutlichen die Abgrenzungsnotwendigkeit: *Rollenkonflikte, emotionale Abhängigkeit und Umgang mit Suizidgefährdeten.*

Führungskräfte brauchen gerade bei sehr schwerwiegenden Problemen ihrer Mitarbeiter eine hilfreiche Distanz. Das ist mit „Herzlosigkeit" nicht zu verwechseln! Stellen Sie sich vor, ein Mitarbeiter hat sich in einem fremden Labyrinth verirrt. Sie sehen das und fragen sich, wie Sie ihm helfen können. Sie überlegen, ob Sie ihm zu Hilfe eilen, und sich auch in das Labyrinth begeben sollen. Oder Sie suchen sich einen Hügel, von dem aus Sie das Labyrinth einsehen können. Welche Position ist für Sie und Ihren Mitarbeiter hilfreicher? Mit etwas Abstand können Sie Auswege besser erkennen. Das ist mit Abgrenzung gemeint. Fühlen Sie sich so weit in Ihre Mitarbeiter ein, dass Sie deren Perspektive übernehmen können. Bleiben Sie aber so weit auf Distanz, dass Sie nicht zu sehr selbst mitleiden. Nur dann können Sie Lösungsmöglichkeiten klarer erkennen. Das ist bei schweren Krankheiten oder Schicksalsschlägen der Mitarbeiter besonders wichtig.

Distanz bedeutet nicht Herzlosigkeit!

Weitere Hinweise zur Abgrenzung

▸ Übernehmen Sie Verantwortung nur dann, wenn Sie offiziell dazu verpflichtet und berechtigt sind, wenn Sie es können und wollen.

▸ Verantworten Sie nur, was Sie unter Kontrolle haben!

▸ Falls dadurch Verantwortungslücken entstehen, benötigen Sie wahrscheinlich erweiterte Berechtigungen, Weiterbildungen oder zusätzliche Rollen oder Ansprechpartner.

▸ Suchen Sie nach Ansprechpartnern, die zuständig sind, berechtigt sind, es fachlich können und wollen.

Es ist vorteilhaft, wenn Sie Abschnitt 3.1.1 gelesen haben, da Abgrenzung auf dem gleichen Modell basiert wie Rollenklarheit:

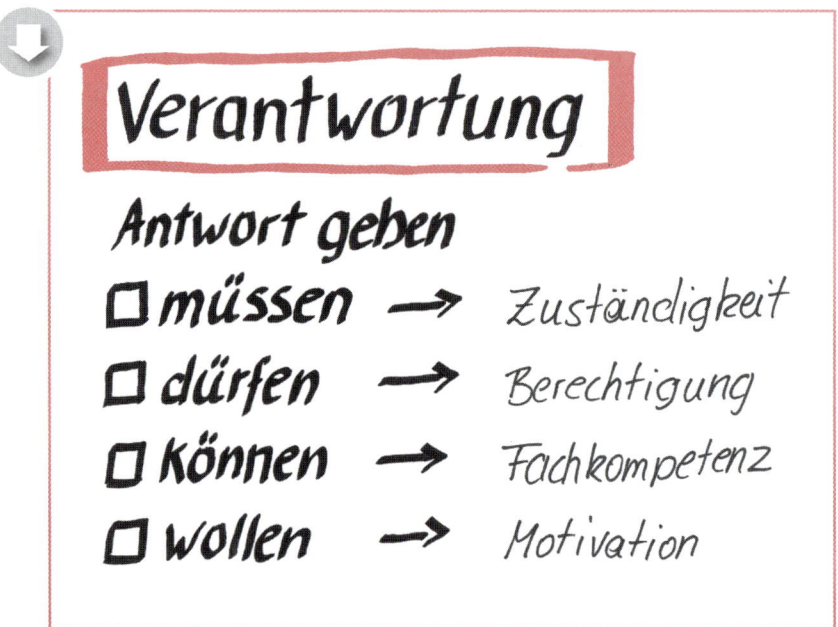

Abbildung 41: Verantwortung (in Anlehnung an Bernd Schmid, 2004)

Rollenkonflikte

Beispiele zur Abgrenzung

Stellen Sie sich vor, Sie sind als Chef freundschaftlich mit Ihren Mitarbeitern verbunden. Man kennt sich und die dazugehörigen Familien auch privat. Ein Mitarbeiter kommt in eine schwierige, finanzielle Situation. Er bittet Sie, ihm Geld zu leihen. Soziale Erwartungen an Freundschaft und Führung treffen zusammen. Sie fühlen sich verpflichtet oder wollen helfen. Wenn Sie sich als Freund entscheiden, ihm Geld zu leihen, könnten Sie mit Ihrer Führungsrolle in Konflikt geraten. Andere Mitarbeiter könnten auch Geld gebrauchen und sich ungerecht behandelt fühlen. Falls Sie den Mitarbeiter entlassen müssten, könnten Sie Ihr Geld nicht mehr zurückbekommen. Sie verstricken sich zunehmend in die Geldprobleme des Mitarbeiters. Diese Zwickmühlen wirken sich negativ auf die Zusammenarbeit aus. Viele Unternehmen nehmen ihren Führungskräften deshalb die Entscheidung ab. Sie verbieten, dass Führungskräfte ihren Mitarbeitern größere Mengen Geld leihen. Auch, um ihre Führungskräfte zu schützen. Unternehmen, die dieses Verbot einführen, bieten zum Teil Möglichkeiten, ihre Arbeitnehmer bei finanziellen Schwierigkeiten zu unterstützen. Das kann über die Sozialberatung geschehen oder durch Finanzierungsmöglichkeiten, die das Unternehmen seinen Mitarbeitern anbietet. Wenn Sie in Ihrem Unternehmen diese Möglichkeiten nicht haben, dann bitten Sie Ihren Mitarbeiter, sich externe Hilfe zu holen, um seine Probleme grundsätzlich in den Griff zu bekommen: zum Beispiel Schuldnerberatungen bei externen Anbietern (siehe Abschnitt 3.4). Erklären Sie Ihrem Mitarbeiter Ihren Rollenkonflikt zwischen Freundschaft und Fürsorgepflicht. Begründen Sie Ihre Entscheidung mit dem, was Ihnen in der Zusammenarbeit wichtig ist. Egal, wie Ihre Entscheidung ausfällt: Das macht Sie authentisch und vertrauenswürdig. Gleiches gilt auch für andere Rollenkonflikte und Ambivalenzen.

Erklären Sie Ihrem Mitarbeiter Ihren Rollenkonflikt.

Emotionale Abhängigkeit

Ein älterer, erfahrener Mitarbeiter ging schon durch mehrere Abteilungen, weil er mehrfach wegen seines Verhaltens mit den Führungskräften in Konflikte geriet. Das führte immer wieder zu Versetzungen. Alle setzen nun ihre Hoffnung in Sie, die neue Führungskraft. Zu Ihnen sagt der Mitarbeiter: *„Sie sehen endlich einmal nach einer guten Führungskraft aus. Mal sehen, ob Sie sich tatsächlich mein Vertrauen verdienen können!"* So schnell können Sie in eine emotionale Abhängigkeit geraten: Sie versuchen, das Vertrauen dieses Mitarbeiters zu gewinnen und fühlen sich anfangs geschmeichelt. Sie unterlassen alles, was das Vertrauen beschädigen könnte. Dieser Mitarbeiter könnte damit Ihr Verhalten mehr steuern als Sie seines. Sie geraten dadurch immer wieder in innere Konflikte. Um sich hier besser abzugrenzen, helfen Reaktionen wie diese auf den Einstieg des Mitarbeiters: *„Als gute Führungskraft weiß ich, dass Sie in dieser Situation auf mein Vertrauen angewiesen sind. Sie erhalten von mir einen Vertrauensvorschuss. Enttäuschen Sie mich bitte nicht!"*

Klären und vermitteln Sie eindeutig Ihre Wertvorstellungen in der Zusammenarbeit.

Sie sollten diesen Satz jetzt nicht auswendig lernen und einfach nachsprechen. Er soll nur zeigen, wie man eine emotionale Abhängigkeit umkehren kann, falls sie droht, ausgenutzt zu werden. Ein ähnlicher emotionaler Druck kann sich aufbauen, wenn Sie Ihre Mitarbeiterbefragungen verbessern wollen. Wenn für Sie zu viel von diesem Zufriedenheitsindex abhängt, könnte es sein, dass Sie zu sehr darauf fokussieren und sich „erpressbar" machen. Jede Unzufriedenheitsäußerung würde Sie dann in Stress versetzen und schlechter reagieren lassen. Das wäre eine Fehlentwicklung für alle und *verschlechtert* die Zufriedenheit der Mitarbeiter. Vertrauen Sie auf Ihre eigenen Wertvorstellungen in der Zusammenarbeit und vertreten Sie diese eindeutig. Dann sind Sie unabhängiger von Einzelbewertungen.

Suizidgefährdete

Der Selbstmord eines Mitarbeiters gehört zu den Horrorvorstellungen von Führungskräften. Welche Verantwortung haben Sie, wenn ein Mitarbeiter damit droht, sich etwas anzutun?

Die meisten wollen helfen, sind sich nur nicht sicher, ob sie es auch können. Sie dürfen helfen, und in diesem Fall müssen Sie auch. Andernfalls ist es unterlassene Hilfeleistung. Aber wie genau kann diese Hilfe aussehen? Sollten Sie ein aufmunterndes Gespräch mit dem Mitarbeiter führen, um herauszufinden, ob er es ernst meint oder nicht? Können Sie das? Was machen Sie, wenn er nach seiner Drohung wegläuft? Dürften Sie ihn festhalten? Was ist, wenn er nachts zu Hause alleine ist? Diese Situationen haben Sie nicht mehr unter Ihrer Kontrolle.

Holen Sie Hilfe. Bei Selbstgefährdung einer Person sind Notarzt und Polizei zuständig! Vorgeschaltet können psychische Ersthelfer, Kriseninterventionsteams, Werksarzt und Werksschutz sein. Die Polizei muss, darf, kann und will die gefährdete Peron festhalten, auch unter Zwang. Der Notarzt entscheidet: Suizidgefährdung ja oder nein? Falls nötig, wird er die gefährdete Person in die psychiatrische Notaufnahme bringen lassen. Ihre Verantwortung kann nur so weit gehen, dass Sie Hilfe holen. Das heißt keinesfalls, dass das einfach ist. Aber es ist die einzige Chance, einigermaßen heil aus einer solchen Situation wieder herauszukommen. Es kann sein, dass Ihnen der Mitarbeiter die Einweisung in die Psychiatrie nie verzeiht. Es kann aber auch sein, dass das lebensrettend war. Es kann sein, dass er es gar nicht so ernst gemeint hat. Aber wollen Sie jeden Montagmorgen erneut ängstlich darauf hoffen, dass Ihr Mitarbeiter wieder erscheint? Und was wäre mit Ihrem Seelenfrieden, wenn er tatsächlich nicht mehr erscheinen würde? Für einige Führungskräfte eine entsetzliche Wahrheit, mit der sie nicht klarkamen und selbst Krisenintervention oder Psychotherapie benötigten. Natürlich kann es auch sein, dass der Mitarbeiter Sie damit nur unter Druck setzen will, vielleicht auch unbewusst. Aber auch dann sollte er die Folgen seiner Drohung tragen.

Machen Sie verantwortungsbewusst deutlich, wann Ihre Grenzen erreicht sind. Noch etwas zum Nachdenken: Wenn Sie die Verantwortung für die Gesundheit Ihrer Mitarbeiter auf sich und Ihre Mitarbeiter aufteilen würden: Was wäre der gesündeste Verteilungsschlüssel?

4.3 Ressourcenausbau

Dieses Kapitel beschreibt, wie Sie durch innere oder soziale Ressourcen Ihre psychische Widerstandskraft verbessern können. Das Vier-L-Modell am Ende dieses Abschnitts berücksichtigt dabei die Bedürfnisse und Ressourcen in den verschiedenen Entwicklungsphasen eines Erwachsenen.

Wenn ich das Gefühl habe, Belastungen nicht abbauen zu können, hilft es, den Blickwinkel zu ändern. Das entspricht der eigentlichen Idee der Work-Life-Balance. Wenn ich mich nicht entlasten kann, dann muss ich mich stärken. Ich schaue also mehr darauf, welche Ressourcen ich aufbauen oder ausbauen kann (siehe Abschnitt 1.4). Das ist ganz besonders dann wichtig, wenn Sie bereits länger andauernde Fehlbeanspruchungszeichen bei sich feststellen (Kapitel 2).

Abbildung 42: Waage: Krafträuber – Kraftspender

Was macht mich innerlich stärker?

In der Burnout-Prophylaxe wird mit dem Ausbau oder Wiederaufbau von Ressourcen gearbeitet. Viele haben den Eindruck, unter der Last der Anforderungen zusammenzubrechen, sehen aber gleichzeitig keine Möglichkeit, äußere Ressourcen aufzubauen. Beginnen Sie damit, Ihr inneres Erleben positiv zu beeinflussen. Hier ein paar Beispiele zur Anregung:

Beeinflussen Sie Ihr inneres Erleben positiv.

Die Oma

Ein Manager fand sich auf der Suche nach seinen Ressourcen bei seiner Oma wieder. Vor seinem geistigen Auge konnte er sie deutlich sehen. Sie breitete ihre Arme aus und wandte sich ihm zu. Ihre Augen strahlten vor Freude, ihn zu sehen. Seiner Oma war es egal, ob er gute oder schlechte Noten geschrieben hatte. Sie hob ihn immer voller Freude hoch und zwackte ihn dann in die Wange. Dieses Gefühl, gesehen zu werden, vollkommen angenommen zu sein und unabhängig von der Leistung liebenswert zu sein – das gab ihm Kraft. Gleichzeitig liefen ihm aber auch Tränen über die Wangen. Die Tränen kamen von dem Gefühl, etwas oder jemanden lange vermisst und endlich wiedergefunden zu haben. Um sich immer wieder in das kraftgebende Gefühl zu versetzen, zwackte er sich unauffällig selbst in die Wange und konnte es dann wieder fühlen. Diese scheinbar banale Veränderung kann ein Anfang sein, sein Erleben wieder in eine positive Richtung zu wenden.

Ich bin liebenswert, egal, was ich leiste!

Manchmal hindern uns soziale Zwänge daran, Ressourcen wieder aufzubauen:

Bergwandern

Ein Klient erzählte, dass ihm das Bergwandern fehlen würde. Er hätte nur positive Erinnerungen daran und würde sich oft danach sehnen. Kraft gebe ihm einerseits das monotone Wandern, da könne er komplett abschalten, weil er sich ja auf den Weg konzentrieren müsse. Andererseits aber auch das Gefühl, oben anzukommen, aufzuatmen, sich frei zu fühlen und beim Blick über die Wolken, Täler und anderen Gipfel Gänsehaut zu bekommen. Eben irgendwie Teil von etwas Großem zu sein. Aber er könne das nicht mehr machen, weil er jetzt Familie habe. Er müsste das in aller Ruhe alleine machen und seine Familie hätte sicher kein Verständnis dafür, wenn er eine Woche ohne sie wegfahren wollte. Da hatte wohl der „Mach's allen recht"-Antreiber mitentschieden. Hier half die Unterstützung bei der Auseinandersetzung mit der Familie um eine Woche „Auszeit". Die Familie reagierte viel verständnisvoller, als vom Klient erwartet. Das bekräftigte ihn zusätzlich.

Ich bin Teil von etwas Großem!

Lernen Sie, diese Ressourcen-Gefühle bewusst wahrzunehmen, damit Ihr Körper das miterleben kann! Vermeiden Sie Gedanken und Gefühle, die Sie wieder herunterziehen. Sich später immer wieder an das großartige Gefühl auf dem Berg zu erinnern und es dann wieder zu spüren, hilft. Natürlich nur, wenn man Bergwandern mag. Der eine bekommt Gänsehaut, dem anderen wird es wohlig warm, wieder andere fühlen sich leicht und frei und können wieder umfangreicher atmen. Das gibt Ihnen Kraft. Wahrscheinlich sind die positiven Empfindungen, die Sie dabei haben, genau das Gegenteil dessen, was Ihr Organismus sonst so aushalten muss!? Und vielleicht merken Sie jetzt gerade, wie nur der Gedanke daran, was Sie sonst so aushalten müssen, Sie direkt wieder aus dem kraftvollen Erleben der Beispiele vorher herausgerissen hat.

Hauptzugänge, um unbewusste, unwillkürliche psychische Prozesse positiv zu beeinflussen (siehe auch Abschnitte 1.1 und 1.2):

> *Über innere Bilder.* Suchen Sie sich Symbole, Bilder, innere Bilder, Vorbilder, Landschaften, Musik … Irgendetwas, was Sie schnell wieder in einen besseren psychischen Zustand bringen kann. Gönnen Sie Ihrem Körper und Ihrer Psyche zwischendurch immer einmal wieder dieses positive Erleben. Achten Sie als Rückmeldung darauf, ob auch Ihr Körper sich entsprechend in der Haltung verändert. Dann hat es gewirkt.
>
> *Über die Körperhaltung.* Sie können sich auch über eine Körperhaltung, die einer besseren Stimmung entspricht, genau in diese Stimmung bringen. Unser Organismus nimmt zum Beispiel an, dass wir gute Laune haben, wenn unsere Mundwinkel hochgezogen sind – und verstärkt diesen Effekt.
>
> *Über die Muskulatur.* Der Stirnmuskel ist ein guter Indikator für die gesamte Muskelspannung im Körper. Deshalb kann seine Entspannung dazu führen, dass sich diese Entspannung auf andere Muskelgruppen wie die Schulter-Nacken-Region ausbreitet. Sie breitet sich auch auf die Atmung, auf den Puls, auf die kleinen Gefäße aus. Die Rückkopplung aus diesen Systemen bewirkt dann wieder eine weitere Entspannung in den Muskeln. Der Stirnmuskel entspannt sich, wenn er sanft massiert wird oder beim Lächeln, selbst dann, wenn Sie sich Ihr Lächeln nur vorstellen.
>
> *Über die Atmung.* Achten Sie auf Ihre Atmung. Lassen Sie sie allmählich ruhiger werden. Das Ausatmen sollte dabei etwas länger dauern als das Einatmen. Das wirkt entspannend auf den Rest des Körpers: Herz-Kreislauf, Muskelanspannung, Verdauung.

Zugänge zu unbewussten Prozessen

In größerem Ausmaß werden Sie das von Stressbewältigungstechniken und Entspannungsverfahren kennen: Fantasiereisen, Atementspannungstechniken, Progressive Muskelentspannung, Qigong, Yoga oder Entspannungsmassagen. Diese Techniken dienen nicht nur dem Abschalten und Entspannen, einige trainieren auch die Konzentration.

In jedem Beruf gibt es Tätigkeiten, Dinge, die uns Kraft geben. Sonst gäbe es keinen Grund, sich den Belastungen auszusetzen. Achten Sie mehr darauf, wo die Kraftgeber in Ihrem Beruf sind. Allein die Verschiebung der Aufmerksamkeit von den Belastungen auf die Ressourcen kann den eigenen Zustand schon verbessern.

Welche sozialen Ressourcen sind wichtig?

Der Austausch mit anderen Führungskräften

Führen heißt, ständig Entscheidungen treffen zu müssen, die sich direkt auf den Erfolg des Unternehmens und die Menschen auswirken. Die Verantwortung ist meist sehr hoch, aber auch genau das, was Führungskräfte anspornt. Für viele Führungskräfte entfällt die Ressource der Kameradschaft im Team, die Stütze durch Kollegen. Gleichzeitig steigt die Verantwortung. Dennoch fehlt ihnen oft rechtzeitige Information zu Veränderungen und ausreichende Information für ihre Entscheidungen. Meist befinden sie sich in der Position, dass sie gleichzeitig der Kritik von Mitarbeitern und dem Management ausgesetzt sind. Die emotionale Inanspruchnahme durch Schicksale und Nöte der Mitarbeiter nimmt zu. Viele Führungskräfte gaben mir die Rückmeldung, dass der Austausch mit anderen Führungskräften und das gemeinsame Problemlösen mit Hilfestellungen und Tipps von Experten genau die Ressource war, die sie in dieser Situation brauchen.

Bei emotionaler Inanspruchnahme ist soziale Unterstützung die wichtigste Ressource. Das betrifft dauerhafte emotionale Belastung wie Beschwerden und Reklamationen, aber auch den Umgang mit Kranken und Menschen in Krisensituationen. Berufsgruppen, die diese Belastungen nicht vermeiden können, brauchen Gegengewichte. Zu diesen Berufsgruppen gehören Notärzte, Feuerwehr, Polizei und Psychotherapeuten. Aber auch andere Berufsgruppen, deren Tätigkeit das emotionale Eingehen auf andere beinhaltet, benötigen soziale Unterstützung. In einigen Unternehmen hat sich die Bildung von Teams aus Führungskräften gleicher Ebenen bewährt.

Supervision, Coaching, Fallberatung

Fordern Sie Supervision, Coaching oder Fallberatung in Ihrem Unternehmen ein oder suchen Sie sich externe Hilfe. Besonders bei folgenden Situationen:

> ▶ Bei chronischer Resignation und Frustration in der Gruppe
> ▶ Bei einer Anhäufung von Langzeiterkrankungen und bei hohem Altersdurchschnitt
> ▶ Bei eskalierten Konflikten oder Mobbing zwischen den Mitarbeitern
> ▶ Bei Veränderungsprozessen und technischen Neuerungen

Sonja Höhn

▶ Bei Rollenkonflikten, verursacht durch die zusätzliche Ebene „Führen ohne disziplinarische Verantwortung", durch Matrixorganisation, …
▶ Bei psychischen Erkrankungen auf Führungsebene

Wenn es zu traumatischen Krisensituationen gekommen ist, dann ist es wichtig, dass Sie sich frühzeitig beraten lassen. Holen Sie sich Hilfe zur Krisenintervention. Dabei wird auch Ihr persönliches Risiko für traumatische Spätfolgen und die Notwendigkeit einer Psychotherapie eingeschätzt. Solche traumatischen Ereignisse können Todesfälle von Kollegen, schwere Unfälle, Überfälle, Angriffe oder Selbstmorde sein. Soziale Unterstützung ist bei einem Psychotrauma der wichtigste Schutzfaktor. Bremsen Sie in diesen Fällen Ihren „Sei-stark-Antreiber" aus.

Krisenintervention

4.3.1 Das Vier-L-Modell

Ressourcen sind in unserem Leben nicht immer gleich wichtig. Es gibt Schwerpunkte in den einzelnen Lebensphasen. Vielleicht haben Sie auch von paläontologischen Knochenfunden gehört, die verschiedenen Tierarten zugerechnet wurden, bis man feststellte, dass es Jungtier und erwachsenes Tier der gleichen Art waren. So unterschiedlich sind auch unsere verschiedenen Bedürfnisse in unseren unterschiedlichen Lebensabschnitten. Wir fühlen uns immer recht gleich, aber unsere Motivationen ändern sich.

Eine Artikelserie von „Malik on Management", die mittlerweile über 17 Jahre alt ist, hatte mich für diese Unterschiede in den Lebensphasen sensibilisiert. In ihr ging es um die verschiedenen Laufbahnphasen eines Menschen. Malik schrieb diese Artikel mit dem Ziel, auf die verschiedenen Gestaltungsmöglichkeiten der eigenen Laufbahn aufmerksam zu machen. Aber auch, um deutlich zu machen, dass Mitarbeiter in unterschiedlichen Lebensphasen unterschiedlich geführt werden müssen. Er ging nachvollziehbar davon aus, dass das gleiche Führungsverhalten einen 45-jährigen Mitarbeiter langweilen könnte, bei gleichzeitiger Überforderung der 25-Jährigen. In einigen Unternehmen finden sich Höhepunkte von Burnout-Meldungen bei den 25-Jährigen und bei den 45-Jährigen. Bei den 25-Jährigen ist das meist mit Ängstlichkeit und bei den 45-Jährigen mit Sinnlosigkeit verbunden. Das ist eine sehr auffällige Parallele. Die unterschiedlichen Entwicklungsphasen Erwachsener scheinen hochrelevant zu sein.

Unterschiedliche Bedürfnisse in verschiedenen Lebensphasen

Umso mehr überrascht es, dass diese Unterschiede kaum beachtet werden. Viele Führungskräfte fanden allein den Hinweis auf diese grundlegenden Unterschiede bereits sehr hilfreich. Aus den Diskussionen darüber, welche Auswirkungen die unterschiedlichen Lebensphasen auf die nötigen Ressourcen haben, entstand das „Vier-L-Modell". Es beschreibt den Zyklus von *Lernen, Leisten, Leben, Lehren.* Diese Phasen werden auch in kleinen Zyklen immer wieder durchlaufen. Wenn man sie aber auf das gesamte Berufsleben bezieht, wird die unterschiedliche Gewichtung der Ressourcen in den einzelnen Lebensphasen deutlich. Malik unterschied in seinen Laufbahnphasen die unterschiedlichen Lebensalter: die 20er, die 30er, die 40er und die 50er. Diese passen zu den vier L-Phasen des Modells. Lernen ist die Phase, die bei den meisten bis Ende 20 abgeschlossen ist. In den 30ern geht es darum, sich etwas aufzubauen und Leistung zu bringen. In den 40ern rückt die Lebensqualität in den Vordergrund und Lehren ist ab den 50ern ein wichtiger Motivationsbereich. Das erklärt, warum ich etwas mit 30 noch ausgesprochen erstrebenswert fand, was ich mit 50 mit einer ganz anderen Gelassenheit sehe. Und es soll gegen die Vorstellungen arbeiten, dass Jüngere zu nichts mehr Lust haben und Ältere nur noch die Zeit bis zur Rente absitzen.

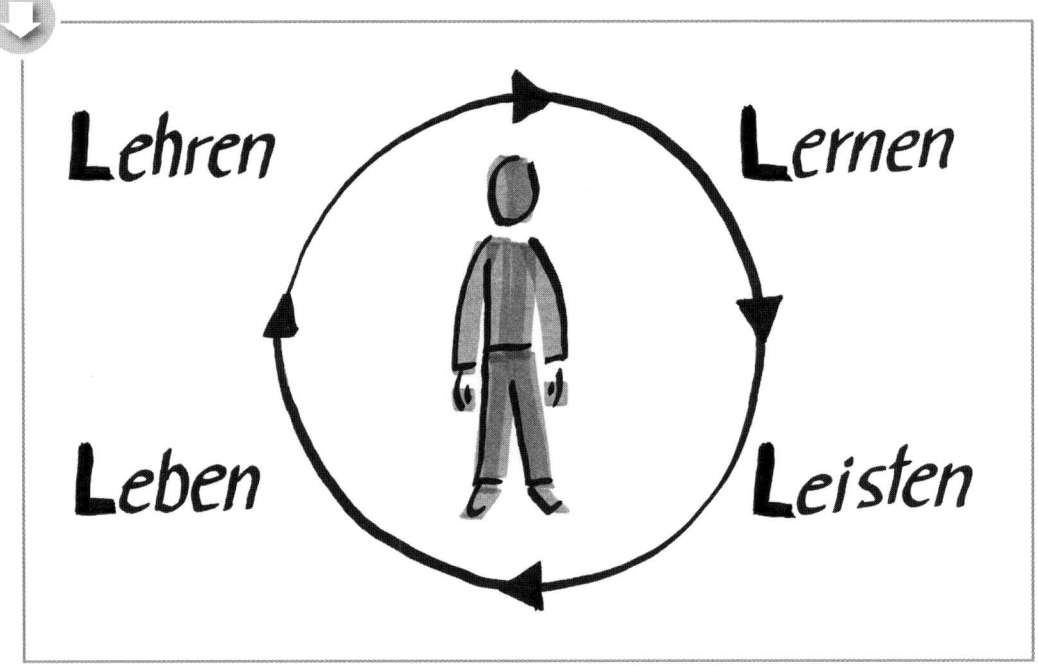

Abbildung 43: Vier-L-Modell. Phasen eines Berufslebens

Lernen

Am Anfang des Berufslebens steht Lernen im Vordergrund. Ich muss erst einmal meinen Weg finden, mich ausprobieren. Bin ich Stadtmensch oder Landei? Teamfähig oder Einzelkämpfer? Leite ich andere gerne an? Kann ich mich unterordnen? Ich bin endlich volljährig und frei, alles Mögliche in und mit meinem Leben anzufangen. Aber wie finde ich bei diesen unendlich vielen Möglichkeiten die richtige für mich? Welche privaten Möglichkeiten habe ich? Bis Ende 20 müsste ich meinen beruflichen Weg gefunden haben – vielleicht schlage ich deshalb, bevor ich 30 bin, noch einmal einen anderen Weg ein. Dazu brauche ich die Möglichkeiten und ausreichende Freiheit.

Lebensphase der 20- bis 30-Jährigen

Die lernende Organisation braucht nach Gunther Schmidt:

- ❯ Eine Kultur von Förderung, Anerkennung, Lust, Spaß und Sicherheit
- ❯ Gemeinsam getragene Ziele; Ziele, die über wirtschaftliche Kennzahlen hinausgehen; Ziele, die intrinsisch motivieren
- ❯ Autonomie: die Möglichkeit zur Selbstorganisation
- ❯ Kommunikative Feedback-Schleifen; systemische Rückkopplung

In der Lernphase brauche ich also eine Kultur von Lust, Spaß und intrinsisch motivierenden Zielen. Viele Ausbilder in Unternehmen beklagen sich darüber, dass junge Leute „kein Elternhaus" mehr haben. Damit sind Verhaltensmängel im Umgang miteinander gemeint. Das führt oft zu einer Kultur von gegenseitiger Abwertung und Verunsicherung. Elternhäuser sind heute so verschieden, dass Unternehmen ihre Kultur erklären müssen.

In der Lernphase brauche ich jemanden, der mir diese Orientierung gibt, der lästige Tätigkeiten in Beziehung zu intrinsisch motivierenden Zielen bringen kann. Dann will ich dazulernen und brauche konstruktives Feedback. Ich brauche aber auch jemanden, der mich ausprobieren lässt und der Versuch und Irrtum toleriert. Ich muss meine Persönlichkeit und meine Stärken und Schwächen erst verstehen lernen. Ich brauche gute Lehrer.

In der Lernphase weist der Zeiger auf dem Kraftrad (Abschnitt 1.4.1) hauptsächlich in Richtung *Soziale Unterstützung.*

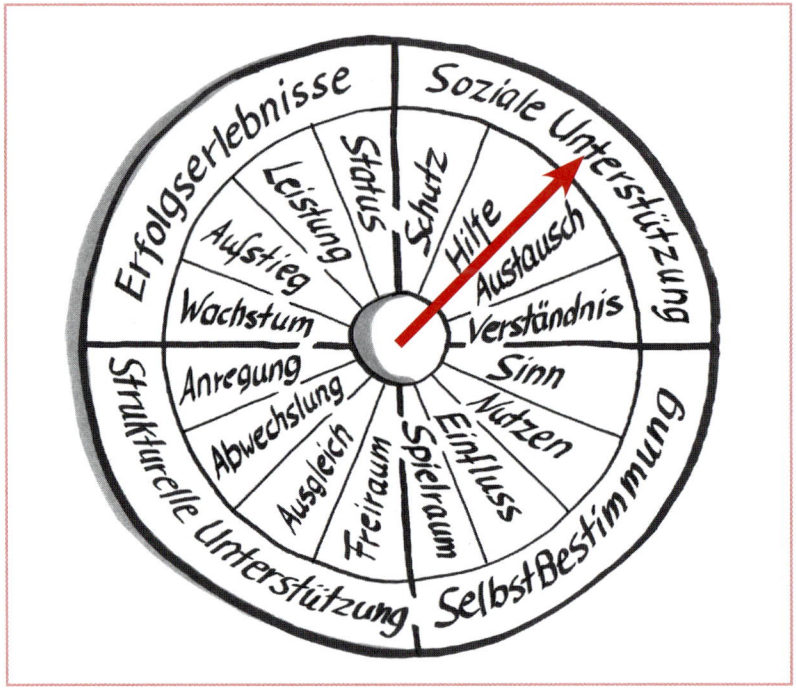

Abbildung 44: Kraftrad, Zeiger Soziale Unterstützung, Phase Lernen

Leisten

Wenn ich etwas gelernt habe, dann will ich auch etwas daraus machen. Ich will zeigen, dass ich es kann, und will diese Kompetenz erleben. Beruflich geht es jetzt mit Karriere und Leistungssteigerung los. Ich will Ergebnisse bringen und Erfolge erzielen. Größere Verantwortungen und Aufstiegschancen, mehr Geld und Status reizen mich. Für den Aufstieg nehme ich einiges in Kauf. Mein Körper hält den Leistungsanforderungen stand. Die Familienplanung und die Festlegungen im privaten Bereich sind in vollem Gange. Autos, Wohnungen, Häuser sind hochrelevant. Ich will mir etwas aufbauen, worauf ich stolz sein kann.

In der Phase der Leistung passen persönliche Bedürfnisse und Anforderungen des Berufslebens am besten zusammen. Die Motivatoren der Unternehmen greifen gut. Der Zeiger des Kraftrads weist in Richtung *Erfolgserlebnisse.*

Abbildung 45: Kraftrad, Zeiger Erfolgserlebnisse, Phase Leisten

Am besten unterstützen mich in dieser Phase:

> Tätigkeiten, in denen ich Erfolge erzielen und ausbauen kann
> Flexible Arbeitszeit, Elternzeit
> Betriebliche Kinderbetreuung
> Sportangebote in der Nähe des Arbeitsplatzes
> Neutrale Berater, bezogen auf Familie, Finanzen und Beruf
> Erfahrene Mentoren

Leben

Wenn ich viel geleistet habe, habe ich nun etwas, worauf ich stolz sein kann. Ich habe mir einen Ruf aufgebaut, habe mich positioniert. Ich bin auf einem hohen Leistungsniveau und kann Können mit Erfahrung kombinieren. Jetzt müsste ich die Messlatte weiter anheben. Aber vieles ist einfach Routine. Wirklich größere Herausforderungen werden immer seltener. Das, was ich mit voller Leistung erreichen wollte, fängt vielleicht sogar an, mich zu langweilen. Es tauchen Fragen auf wie: Soll es das gewesen sein? Hätte mich ein anderer Berufsweg glücklicher gemacht? Welche Freiheiten, mein Leben anders zu gestalten, bleiben

Lebensphase der 40- bis 50-Jährigen

mir noch? Zusätzlich besteht privat eine hohe Verantwortung für die Familie. In den meisten Fällen sind zwei Generationen von mir abhängig: meine Kinder und meine Eltern. Die Frage nach dem Sinn in meinem Leben wird wieder stärker. Alles, was meine Lebensqualität verbessern kann, zieht meine Aufmerksamkeit auf sich. Wenn ich mich jetzt noch einmal beruflich verändere, dann nicht wegen der Karriere, sondern eher wegen verbesserter Lebensqualität. Vielleicht gehe ich auch noch einmal in einen ganz anderen Job, um zufriedener und gesünder zu leben. Viele nehmen hier sogar auch einen geringeren Verdienst in Kauf – wenn die Verantwortung, die man zu tragen hat, das zulässt. Im schlimmsten Fall müsste ich meine Familie vor den Kopf stoßen. Dieses Eingebunden-Sein kann den Wunsch nach mehr „Leben" und Erleben noch stärker machen. Meine Aufmerksamkeit richtet sich zunehmend auf mein inneres Erleben. Ich werde empfänglicher für Themen wie Gesundheit, Entspannung, körperlichen Ausgleich. Gesundheitsangebote, die ich mit Mitte 30 noch belächelt habe, finden mein Interesse. Neue Hobbys und Freundeskreise können entstehen.

In der Phase Leben sehne ich mich nach Freiheit, Unabhängigkeit und mehr Leichtigkeit. Es entstehen Sehnsüchte nach neuen Herausforderungen und nach Veränderungen. Malik empfiehlt in dieser Phase eine nüchterne Lagebeurteilung der eigenen Situation. Daraus sollten sich drei bis vier Maßnahmen ergeben, die Stabilität gegen Krisen in einzelnen Lebensbereichen bieten. Außerdem sollte spätestens in dieser Phase die Erhaltung der körperlichen Fitness angegangen werden. Viele Führungskräfte bestätigen, dass Folgendes für sie in dieser Phase wichtig ist oder gewesen wäre:

> Ein neutraler Berater oder Coach, der hilft, die eigene Lebenssituation mit all ihren Sehnsüchten realistisch zu beurteilen und sinnvolle Maßnahmen abzuleiten
> Engagements außerhalb des Unternehmens: Verbände, Vereine, Aufsichtsräte, Prüfungskommissionen oder andere
> Möglichkeiten, neue, spannende Interessen aufzubauen, etwa: Sprachreisen, Bildungsurlaube, Singen und Musizieren, Handwerkliches, Kunst, Fotografie, Bridge-Club, Doppelkopfrunden, Golf, eigener Weinberg ...
> Fitnessangebote, die das Herz-Kreislauf-System und die Muskulatur stärken. Diese Angebote sollten den Spaß in den Vordergrund stellen und nicht den Charakter von „Krankengymnastik" haben
> Die Toleranz des Unternehmens für Herausforderungen und Interessen außerhalb des Unternehmens, weil diese die Kraft für den Beruf in dieser Phase wieder stärken

Der Zeiger des Kraftrads weist in Richtung *SelbstBestimmung*.

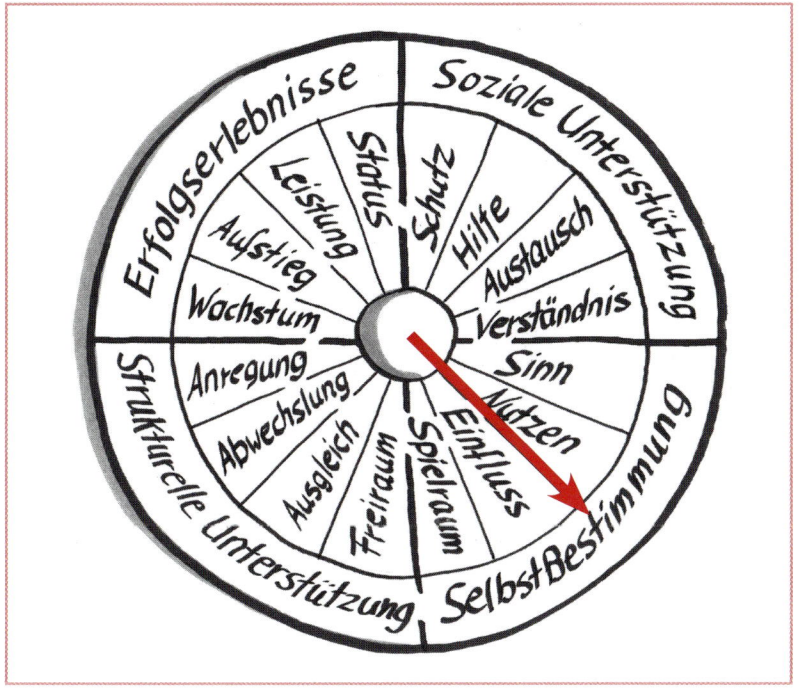

Abbildung 46: Kraftrad, Zeiger SelbstBestimmung, Phase Leben

Lehren

Ich will, dass andere sehen, welche wertvollen Erfahrungen ich aufgebaut habe. Mehr denn je ist mir der Respekt gegenüber meiner Erfahrung wichtig. Ich will, dass sie einen Nutzen hat, dass sie nicht verloren
ist. Ich will meine Geschichte erzählen dürfen und freue mich über Interesse daran. Das, was ich über die Jahre hinweg angesammelt habe, soll
einen Sinn gehabt haben. Am meisten reizt mich jetzt, meine Erfahrung
an andere weiterzugeben. Aufstieg ist nicht mehr die Grundmotivation,
und das macht mich gelassener.

Die meiste Kraft ziehe ich in dieser Phase aus Tätigkeiten, die mit Leh-
ren und Beraten verbunden sind. Ich wäre gut als Ausbilder, Coach oder
Mentor. Dafür würde ich auch Weiterbildungen auf mich nehmen. Das
Lernen in dieser Phase unterscheidet sich vom Lernen in der ersten
Phase des Modells. Ich lerne, um zu lehren. Deshalb müsste man in der
Weiterbildung Älterer von „Lehrnen" sprechen.

**Lebensphase
der 50- bis
60-Jährigen**

INQA geht in der Broschüre „Mit Erfahrung die Zukunft meistern" sehr stark auf eine differenziertere Sicht auf das Älterwerden im Berufsleben ein. Danach hat sich ergeben, dass die Lernfähigkeit von Älteren kaum schlechter ist als die von Jüngeren. Außerdem sind Konzentrationsfähigkeit und Wissensgebrauch bis ins hohe Alter kaum begrenzt, wenn ausreichende Erholungsphasen zugestanden werden. Langjährige, einseitige Anforderungen führen zu „qualifikatorischen Sackgassen". Ältere verlieren dadurch die erforderliche Wissensbasis. Lernen muss dann wieder neu gelernt werden. Dafür ist eine Lernumgebung notwendig, die ...

- ▶ sie das Lerntempo selbst bestimmen lässt.
- ▶ sie von Konkurrenzsituationen fernhält, weil sonst die Versagensängste zu stark werden.
- ▶ sie bei ihrem Wissensstand abholt und sehr praxisnah ist.
- ▶ auf Folgen psychischer Sättigung (Abschnitt 2.3) Rücksicht nimmt.

Wenn darauf in Unternehmen keine Rücksicht genommen wird, bedeutet Weiterbildung für Ältere Gesichtsverlust. Viele Ältere werden daher für unmotiviert und nicht mehr lernfähig gehalten.

Der Zeiger des Kraftrads weist für die Phase Lehren auf *Strukturelle Unterstützung*, weil diese *vorher* im Berufsleben gegeben sein musste.

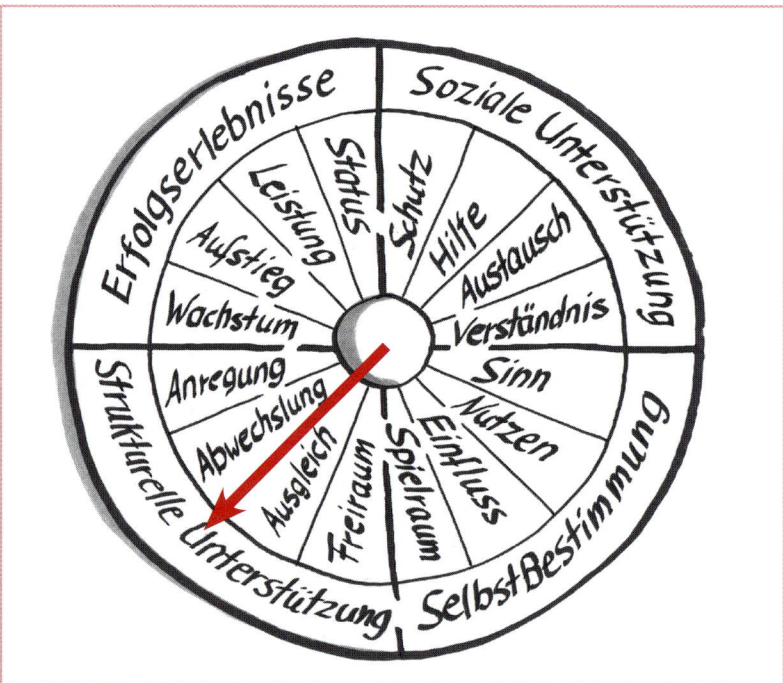

Abbildung 47: Kraftrad, Zeiger Strukturelle Unterstützung, Phase Lehren

Service

Literaturverzeichnis

▶ Badura u. a.: Fehlzeiten-Report 2011. Führung und Gesundheit. Zahlen, Daten, Analysen aus allen Branchen der Wirtschaft. Berlin/Heidelberg: Springer-Verlag 2011

▶ Bauer, Joachim: Warum ich fühle, was du fühlst. Intuitive Kommunikation und das Geheimnis der Spiegelneurone. 1. Auflage, Hamburg: Hoffmann und Campe Verlag 2005

▶ Berufsprofile für die arbeits- und sozialmedizinische Praxis. Band 1 und 2. Nürnberg: BW Bildung und Wissen Verlag und Software GmbH 1997

▶ Blakemore, Colin: Mechanics of the Mind. Cambridge University Press 1977

▶ Brunnhuber, S.; Lieb, K.: Kurzlehrbuch Psychiatrie. 4. Auflage, München, Jena: Urban & Fischer Verlag 2000

▶ Bundesanstalt für Arbeitsschutz und Arbeitsmedizin (BAuA) (Herausgeber): Ratgeber zur Ermittlung gefährdungsbezogener Arbeitsschutzmaßnahmen im Betrieb. Handbuch für Arbeitsschutzfachleute Sonderschrift S. 42. 2. überarbeitete Auflage, Dortmund/Berlin: Wirtschaftsverlag NW. Verlag für neue Wissenschaft GmbH 1998

▶ Bundesvereinigung der Deutschen Arbeitgeberverbände BDA: Ein Praxisleitfaden für Arbeitgeber: Die Gefährdungsbeurteilung nach dem Arbeitsschutzgesetz. Besonderer Schwerpunkt: Psychische Belastung. Berlin: www.arbeitgeber.de Juli 2013

▶ Burisch, Matthias: Das Burnout-Syndrom. Theorie der inneren Erschöpfung. 4. überarbeitete Auflage, Berlin: Springer-Verlag 2010

▶ Cannon, Walter B.: Wut, Hunger, Angst und Schmerz: eine Physiologie der Emotionen. Übersetzung von Helmut Junker (erste englische Ausgabe 1915). Herausgeber Thure von Uexküll. München/Berlin/Wien: Urban und Schwarzenberg 1975

▶ Cordes und Dougherty (1993). A review and integration of research on job burnout. Academy of Management Review, 18 (4), 621-656

▶ Csikszentmihalyi, Mihaly: FLOW im Beruf. Das Geheimnis des Glücks am Arbeitsplatz. 3. Auflage, Stuttgart: Klett-Cotta 2012

▶ Debitz, Uwe; Gruber, Harald; Richter, Gabriele, Wittmann, Sonja: Psychische Gesundheit am Arbeitsplatz Teil 2. Psychische Faktoren in der Gefährdungsbeurteilung. 6. überarbeitete Auflage, Bochum: InfoMediaVerlag e.K. August 2012

➤ DeMarco, Tom: Der Termin. Ein Roman über Projektmanagement. München: Carl Hanser Verlag 1998

➤ DeMarco, Tom: Spielräume. Projektmanagement jenseits von Bourn-out, Stress und Effizienzwahn. München/Wien: Carl Hanser Verlag 2001

➤ Dijksterhuis, Ap: Das kluge Unbewusste. Denken mit Gefühl und Intuition. Deutsche Ausgabe, Stuttgart: Klett-Cotta 2010

➤ Doppler, Klaus; Lauterburg, Christoph: Change Management: Den Unternehmenswandel gestalten. 10., aktualisierte und erweiterte Auflage, Frankfurt am Main: Campus Verlag GmbH 2002

➤ Fisher, Roger; Ury, William; Patton, Bruce: Das Harvard-Konzept. Sachgerecht verhandeln – erfolgreich verhandeln. Das Standardwerk in der Verhandlungstechnik. 21. Auflage, Frankfurt am Main: Campus Verlag GmbH 2002

➤ Freudenberger, Herbert J.: Staff burn-out. Journal of Social Issues, 30, 159-165. 1974

➤ Freudenberger, Herbert J. & North, Gail: Burn-out bei Frauen. Über das Gefühl des Ausgebranntseins. Frankfurt am Main: Krüger Verlag 1992

➤ Glasl, Friedrich: Konfliktmanagement. Ein Handbuch für Führungskräfte, Beraterinnen und Berater. 8., aktualisierte und ergänzte Ausgabe, Bern: Haupt Verlag AG 2004

➤ Goldratt, Eliyahu M.; Cox, Jeff: Das Ziel. Ein Roman über Prozessoptimierung. 4. Auflage, Frankfurt am Main: Campus Verlag GmbH 2008

➤ Gray, Jeffrey Alan: The Psychology of Fear and Stress (Problems in the Behavioural Sciences, Band 5) 2. Auflage, Cambridge: Cambridge University Press 1988

➤ Hofstadter, Douglas R.: Tit for Tat.Spektrum der Wissenschaft Digest 1/1998. Heidelberg: Spektrum Verlag (Anatol Rapaport, Two-Person-Game-Theorie 1966; Robert Axelrod und William D. Hamilton, The Evolution of Cooperation 1984)

➤ Hüther, Gerald: Die Macht der inneren Bilder. Wie Visionen das Gehirn, den Menschen und die Welt verändern. 3., durchgesehene Auflage, Göttingen: Vandenhoeck & Ruprecht GmbH & Co KG 2006

➤ INQA-Bericht Nr. 19: Was ist gute Arbeit? Berlin: www.inqa.de Januar 2006

➤ INQA-Broschüre: Mit Erfahrung die Zukunft meistern. Altern und Ältere in der Arbeitswelt. 4. Auflage, Dortmund: Herausgeber: Bundesanstalt für Arbeitsschutz und Arbeitsmedizin (BAuA), Juni 2008

➤ Jung, C. G.: Archetypen. 13. Auflage, München: Deutscher Taschenbuchverlag 2006

➤ Kahler, Taibi (1977). Das Miniskript. In Barnes, G. et al: Transaktionsanalyse seit Eric Berne, Band 2, S. 91-132

➤ Knapp, Peter (Herausgeber): Konfliktlösungs-Tools. Klärende und deeskalierende Methoden für die Mediations- und Konfliktmanagement-Praxis. 3. Auflage, Bonn: managerSeminare Verlags GmbH 2014

➤ Lazarus, Richard; Folkman, Susan: Stress, Appraisal, and Coping. New York: Springer 1984

➤ Lazarus, Richard: Stress and Emotion. A new Synthesis. London: Free Association Books 1999

➤ Leschs Kosmos - Burnout: Hysterie oder Epidemie? ZDF 23.02.2016

➤ Leymann, Heinz: Mobbing. Psychoterror am Arbeitsplatz und wie man sich dagegen wehren kann. Reinbek: rororo 1993

➤ Malik on Management: Laufbahngestaltung 6. Jg. Nr. 11/1998, 7. Jg. Nr. 3/1999, 7. Jg. Nr. 4/1999, 7. Jg. Nr. 6/1999

➤ Maslach, C. & Jackson, S. E. (1984). Burnout in organizational settings. In S. Oskamp (Ed.), Applied Social Psychology Annual (pp. 133-153). Beverly Hills, Ca: Sage.

➤ Maslow, Abraham H.: Motivation und Persönlichkeit. Reinbek: Rororo Rowohlt Taschenbuch Verlag 1981

➤ Miller, G. A.: The magical number seven, plus or minus two. Some limits on our capacity for processing information. Psychological Review 63 (2) 1956, S. 81–97

➤ Nationale Arbeitsschutzkonferenz (Herausgeber): Gemeinsame Erklärung Psychische Gesundheit in der Arbeitswelt von Bundesministerium für Arbeit und Soziales, Bundesvereinigung der Deutschen Arbeitgeberverbände und Deutscher Gewerkschaftsbund. Anhang enthalten: Leitlinie Beratung und Überwachung bei psychischer Belastung am Arbeitsplatz, Berlin 2012

➤ Paulitsch, Klaus: Grundlagen der ICD-10-Diagnostik. 1. Auflage, Wien: Facultas Verlags- und Buchhandels AG 2009

➤ Richter, Gabriele; Friesenbichler, Herbert; Vanis, Margot: Psychische Gesundheit am Arbeitsplatz Teil 4. Psychische Belastungen. Checklisten für den Einstieg. 4. überarbeitete Auflage, Bochum: InfoMediaVerlag e. K. 2012

➤ Rosenberg, Marshall B.: Was deine Wut dir sagen will. Überraschende Einsichten. Das verborgene Geschenk unseres Ärgers entdecken. Paderborn: Junfermann Verlag 2006

➤ Rosenberg, Marshall B.: Gewaltfreie Kommunikation am Arbeitsplatz und in Organisationen. DVD. Müllheim-Baden: Auditorium Netzwerk 2008

➤ Rüttinger, Bruno; Sauer, Jürgen: Konflikt und Konfliktlösen. Kritische Situationen erkennen und bewältigen. 3. Auflage, Nachdruck, Wiesbaden: Springer Fachmedien 2016

➤ Schmid, Bernd: Systemisches Coaching und Persönlichkeitsberatung. Bergisch Gladbach: Edition Humanistische Psychologie 2004

➤ Schmidt, Gunther: Original-Vortrag. Systemische und hypnotherapeutische Konzepte für Organisationsberatung, Coaching und Persönlichkeitsentwicklung – Teil 7 und 8. CD. Müllheim-Baden: Auditorium Netzwerk 2007

➤ Schmidt, Gunther: Vortrag vom 09. Juli 2008 in der sysTelios Klinik in Wald-Michelbach: sysTelios – wie sich eine Klinik als lernende Organisation erzeugt. CD. Müllheim-Baden: Auditorium Netzwerk 2008

➤ Schuler, Heinz (Hrsg.). Beurteilung und Förderung beruflicher Leistung. Göttingen: Hogrefe-Verlag 2004, Seite 50-51

➤ Schulz von Thun, Friedemann. Miteinander Reden 2. Stile, Werte und Persönlichkeitsentwicklung. Reinbek: Rowohlt Taschenbuch Verlag GmbH 1989

➤ Seiwert, Lothar: Das „neue" 1x1 des Zeitmanagements. Zeit im Griff – Ziele in Balance – Erfolg mit Methode. 20. Auflage, Offenbach: GABAL 1998

➤ Selye, Hans: Stress. Bewältigung und Lebensgewinn. Übersetzung von Hans Th. Asbeck. München/Zürich: Piper 1974

➤ Selye, H.: Stress without Distress. Philadelphia: Lippincott 1974

➤ Selye, H.: The Stress of Life.. New York: McGraw-Hill 1978

➤ Storch, Maja; Cantieni, Benita; Hüther, Gerald; Tschacher, Wolfgang: Embodiment. Die Wechselwirkung von Körper und Psyche verstehen und nutzen. 1. Auflage, Bern: Verlag Hans Huber 2006

➤ Spitzer, Manfred: Lernen. Gehirnforschung und die Schule des Lebens. Korrigierter Nachdruck, Heidelberg/Berlin: Spektrum Akademischer Verlag GmbH 2003

➤ Storch, Maja: Die Sehnsucht der starken Frau nach dem starken Mann. 4. Auflage, ergänzte Taschenbuchausgabe, München: Goldmann Verlag 2010

➤ Storch, Johannes; Storch, Maja: So können starke Männer starke Frauen lieben. Warum manche Männer wieder Machos werden müssen. Freiburg im Breisgau: Verlag Herder GmbH 2016

➤ Ulich, Eberhard: Arbeitspsychologie. Zürich: Vdf Hochschulverlag AG ETH; Stuttgart: Schäffer-Pöschel Verlag für Wissenschaft Steuern Recht GmbH & Co KG 1998

➤ Weinert, Ansfried: Organisationspsychologie. 4. Auflage, Weinheim: Beltz Psychologie Verlags Union 1998

➤ Weltgesundheitsorganisation (WHO): Internationale Klassifikation psychischer Störungen. ICD 10 Kapitel V (F). Klinisch-diagnostische Leitlinien. Herausgeber: Dilling, H. u. a., 6. Auflage, Bern: Verlag Hans Huber 2008

➤ Wittchen, Ulrich; Jacobi, Frank: DEGS Studie zur Gesundheit Erwachsener in Deutschland. Robert-Koch-Institut, Berlin im Auftrag des Bundesministeriums für Gesundheit (BMG) 2012

➤ Yerkes, R. M. & Dodson, J. D.: The relation of strength of stimulus to rapidity of habit-formation. Journal of Comparative Neurology and Psychology, 18, 1908, S. 459-482

Normen

➤ DIN EN ISO 9241-2 Ergonomische Anforderungen für Bürotätigkeiten mit Bildschirmgeräten. Teil 2 Anforderungen an die Arbeitsaufgaben, Leitsätze. Berlin: Beuth Verlag GmbH 1993

➤ DIN EN ISO 10075 Ergonomische Grundlagen bezüglich psychischer Arbeitsbelastung. Teil 1 Allgemeines und Begriffe. Teil 2 Gestaltungsgrundsätze. Teil 3 Prinzipien und Anforderungen für die Messung und Erfassung psychischer Arbeitsbelastung. Berlin: Beuth Verlag GmbH November 2000

Internetquellen

➤ Informationen für die Praxis: Handlungshilfen und Praxisbeispiele: Toolbox: Instrumente zur Erfassung psychischer Belastungen. Dortmund: *www.baua.de*

➤ INQA- Gute Praxis. Die Internetdatenbank für gute Praxis: *http://gutepraxis.inqa.de*

➤ Jährliche Broschüre der Bundesanstalt für Arbeitsschutz und Arbeitsmedizin (BAuA): Arbeitswelt im Wandel. Zahlen, Daten, Fakten. Dortmund: *www.baua.de*

➤ Portal Gefährdungsbeurteilung. Dortmund: Bundesanstalt für Arbeitsschutz und Arbeitsmedizin (BAuA): *www.gefaehrdungsbeurteilung.de.*

➤ Stressreport Deutschland. Bundesanstalt für Arbeitsschutz und Arbeitsmedizin (BAuA) Dortmund, 2012: *www.baua.de*

Filme

▶ Besser geht's nicht! Hauptrollen: Jack Nicholson und Helen Hunt. Regisseur: James L. Brooks, Story: Mark Andrus, Erscheinungsdatum: 12.02.1998
▶ Eine verhängnisvolle Affäre. Hauptrollen Glenn Close und Michael Douglas. Regisseur: Adrian Lyne, Drehbuch: James Dearden, Produzent: Sherry Lansing; Stanley R. Jaffe. Erscheinungsdatum: 11.09.1987
▶ Ghost – Nachricht von Sam. Regisseur: Jerry Zucker, Drehbuch: Bruce Joel Rubin, Hauptrollen: Patrick Swayze und Demi Moore. 1990

Stichwortverzeichnis